国际无废城市建设研究

蒙天宇　周国梅　汪万发　蓝　艳　著

中国环境出版集团·北京

图书在版编目（CIP）数据

国际无废城市建设研究/蒙天宇等著. —北京：中国环境出版集团，2019.9
ISBN 978-7-5111-4120-0

Ⅰ. ①国… Ⅱ. ①蒙… Ⅲ. ①垃圾处理—研究—世界 Ⅳ. ①X705

中国版本图书馆 CIP 数据核字（2019）第 221208 号

出 版 人 武德凯
责任编辑 付江平
责任校对 任 丽
封面设计 宋 瑞

出版发行 中国环境出版集团
（100062 北京市东城区广渠门内大街 16 号）
网 址：http://www.cesp.com.cn
电子邮箱：bjgl@cesp.com.cn
联系电话：010-67112765（编辑管理部）
发行热线：010-67125803，010-67113405（传真）
印 刷 北京市联华印刷厂
经 销 各地新华书店
版 次 2019 年 9 月第 1 版
印 次 2019 年 9 月第 1 次印刷
开 本 787×960 1/16
印 张 11.75
字 数 180 千字
定 价 45.00 元

前　言

在2018年2月全国环境保护工作会议上，环境保护部部长李干杰表示将推动开展“无废城市”建设试点。2019年1月国务院办公厅印发《“无废城市”建设试点工作方案》提出“通过推动形成绿色发展方式和生活方式，持续推进固体废物源头减量和资源化利用，最大限度减少填埋量”，并“以大宗工业固体废物、主要农业废弃物、生活垃圾和建筑垃圾、危险废物为重点”。开展“无废城市”建设试点是我国深入落实党中央、国务院决策部署的具体行动，是提升生态文明、建设美丽中国的重要举措。

从全球范围来看，“无废城市”的概念始于2000年。随着经济社会发展、废弃物管理水平、人类对废弃物管理重视程度的提高，建立“无废城市”成为越来越多的国家或城市的目标。与此同时，国际社会成立了“无废国际联盟”、欧洲国家成立了“无废欧洲网络”、日本成立了“无废研究院”等组织。2015年，美国市长会议发布了“支持城市无废原则”的决议。2018年，全球23个城市联合发布了“建立无废城市”的宣言等。本书通过总结分析国外“无废城市”的管理模式、法律规章、机制措施等，展示其典型做法及成功经验，为我国建设“无废城市”试点提供参考。

本书分为4篇，第1篇是国际“无废城市”案例分析，第2篇是“国际无废城市”案例的综合分析及总结，第3篇介绍了《全球废弃物管理展望》的主要内容，第4篇是对我国建设“无废城市”试点的建议。

其中，第1篇精选了11个国际“无废城市”案例。为了反映出建设“无废城市”的多样性和复杂性，案例城市覆盖了欧洲、美洲、亚洲和大洋洲等地区。案例中既有加拿大温哥华发布的“无废城市”战略规划并列出明确措施的城市，也有美国旧金山以“决议”形式提出实现“无废目标”的城市；既有阿联酋马斯达尔由政府规划在建的无废城市，也有意大利卡潘诺里在“垃圾围城”的背景下不断改善治理达到“无废目标”的城市；既有菲律宾阿拉米诺斯以旅游业为主城市废弃物相对单一的城市，也有新西兰奥克兰经济发达废弃物管理体系复杂的城市。这些案例城市在建设“无废城市”过程中取得的进展和成绩获得了广泛的国际认可。

“无废城市”案例一般包括摘要部分和四节正文内容，摘要部分概括案例城市建设“无废城市”采取的制度、机制、措施，突出其亮点。正文第1节是背景介绍，主要包括案例城市的社会经济地理概况、废弃物现状（包括废弃物分类、总量、处理方式）、建设“无废城市”的背景及目标等，以期呈现出“无废”案例城市的整体背景。第2节详细描述为实现“无废城市”而采取的城市废弃物管理模式，包括政府、家庭、企业、废弃物服务商等在废弃物投放、收集、运输、处理等各环节的职责和分工，以展示在实现“无废城市”过程中各利益相关方的权、责、利。不同城市废弃物管理模式直接影响实现“无废城市”采取的措施。第3节介绍实现“无废城市”的法律法规，个别城市立法明确建设“无废城市”，但绝大多数国家或城市并未直接就“无废城市”或“无废目标”立法，而是颁布建设“无废城市”的愿景、决议或行动方案等，并通过对城市废弃物管理的相关环节立法（如强制回收利用建筑废弃物、禁止填埋有机生活废弃物等）以最终达到“无废目标”，还有个别城市基本不靠法律强制而仅仅通过各种措施实现“无废目标”。第4节介绍实现“无废城市”采取的措施，主要是各利益相关方采取的促使废弃物减量、资源化、无害化，为实现“无废目标”的切实有效的措施。所有案例主要通过整理分析官方信息、学术文章而成，个别案例因相关信息较多或不可得等原因，文章结构略有调整。

第2篇是对第1篇11个案例分析和总结，不同的资源禀赋、发展阶段、政治体制、管理水平、财政投入等因素使得这些城市在实现“无废城市”的过程中具有相似性，但在对“无废”的定义上，以及在实现“无废城市”选取的路径和措施上呈现出较大的差异。该篇通过对比，展示出这些差异以及分析差异背后的原因；同时总结出实现“无废城市”的共性理念、措施及典型做法。

第3篇主要介绍联合国环境规划署和国际固体废弃物协会于

2015 年 9 月发布的《全球废弃物管理展望》的报告。该报告是全球首份全面系统介绍全球废弃物管理的文章，概述了全球废弃物的管理现状、趋势及挑战，并对国家层面列出了废弃物管理相关的政策及融资工具，对建设“无废城市”及废弃物综合管理具有一定的参考价值。

第 4 篇在前 3 篇的基础上，结合我国建设“无废城市”试点的目标、现状及面临的问题，提出相关建议。

本书中的“废弃物”和“垃圾”二词基本同义，为保持文章一致性及易读性，本书主要采用“废弃物”的称法，仅在“垃圾箱”“垃圾费”等词中使用“垃圾”二字，特殊情况下的词语选择在文中有标注说明。

本书由周国梅博士指导选题、质量把控，第 1 篇的第 1 ~ 5 节、第 2 篇、第 4 篇由蒙天宇编写，第 1 篇的第 6 ~ 11 节由汪万发编写，本书由蒙天宇、周国梅统筹校稿。蓝艳博士亦对本书提出了宝贵建议和意见。本书部分篇节已被相关期刊收录或用于会议。

目　录

第1篇

无废城市国际案例分析

本篇包括加拿大温哥华市、新西兰奥克兰地区、美国旧金山市、阿联酋马斯达尔城、斯洛文尼亚卢布尔雅那市、澳大利亚悉尼市、德国柏林市、阿根廷布宜诺斯艾利斯市、菲律宾阿拉米诺斯市、意大利卡潘诺里市、日本北九州市 11 个城市或地区的案例分析。

1　加拿大温哥华市

摘　要：加拿大温哥华市自2011年以来陆续出台了多份包括实现“无废城市”的计划，并在2018年出台了《无废2040》战略计划，明确提出到2040年实现没有城市废弃物（包括生活、商业及建筑废弃物）被焚烧或填埋的“无废目标”。温哥华市重视减少废弃物带来的经济、社会、环境效益，因此形成了多行业多机构互相协作的局面。整体来看，温哥华市的废弃物管理体系以政府主导、生产企业负责、家庭分类投放、商业企业签约专门服务商、建筑企业确保重复和循环利用建筑废弃物、市政企业负责废弃物收集及处理，以及大量的私营企业和非营利机构广泛参与废弃物收集、运输、处理等环节。温哥华市所在的不列颠哥伦比亚省及大温哥华地区严格管理城市废弃物，温哥华市在遵守后两者制定的法律、标准基础上制定自身的废弃物管理体系。在家庭生活废弃物方面，温哥华市政府为每户家庭免费提供灰色垃圾箱收集用于焚烧或填埋的生活废弃物，以及绿色垃圾箱收集厨余；循环不列颠哥伦比亚公司（Recycle BC）通过在住宅区放置不同类垃圾箱及上门服务，为所有家庭提供可循环利用的生活废弃物的收集及循环利用服务。在商业废弃物方面，温哥华市要求商业企业必须签约废弃物处理商。在建筑废弃物方面，温哥华市要求建筑企业必须重复及循环利用建筑废弃物，并规定了比例。温哥华市采用生产企业责任制，要求生产企业从产品的设计、材料选择，到产品生命周期结束时对其回收处理，并且不断扩大生产企业的范围。此外，温哥华市及其所在的不列颠哥伦比亚省及大温哥华地区不断颁布新的地方法则，如禁止有机生活废弃物随意投放、禁止一次性产品使用等，以进一步减少废弃物并增加循环利用。这些管理模式、法律、措施为实现“无废城市”打下了坚实的基础，2016 年的城市废弃物焚烧和填埋率仅为 38%。基于此，该市制定了《无废 2040》战略计划，系统提出了到 2040 年实现“无废城市”的理念方法、优先领域及各领域将开展的工作。

1.1 温哥华市城市废弃物现状

1.1.1 城市概况

温哥华市（City of Vancouver）位于加拿大西南部太平洋沿岸（见图 1.1），是加拿大最重要的港口城市、工业城市和经济城市之一。温哥华市属于加拿

图 1.1 温哥华市地理位置

图片来源：谷歌地图。

大不列颠哥伦比亚省大温哥华地区的一部分，总面积 115 km^2。该市的人口数量逐年增长，截至 2016 年年底约有 63 万人，在所有加拿大城市中，人口数量排名第八，人口密度排名第一。该市 2016 年地区生产总值 1 836 亿美元。加拿大的绝大多数城市由《市镇法》（*Municipalities Act*）指导，而温哥华市由 1953 年通过的《温哥华法章》（*Vancouver Charter*）指导，该法章赋予了温哥华市政府更大、更多的自主权利。这为温哥华市实行严格、创新的城市废弃物管理提供了制度基础。

1.1.2 城市废弃物分类、总量及处理情况

温哥华市的城市废弃物主要包括生活废弃物、建筑废弃物（含土地清理）、商业废弃物等。生活废弃物指居民生活产生的废弃物，主要包括可循环利用废弃物、厨余及庭院废弃物、可焚烧或填埋废弃物、有毒有害废弃物四类。建筑废弃物指修建和拆除建筑物过程产生的废弃物，根据具体类别可循环利用、填埋或特殊处理等。商业废弃物指商业活动产生的生活废弃物及建筑废弃物。城市废弃物的分类及具体包括的废弃物类别见表 1.1。由于温哥华市的工业废弃物由不列颠哥伦比亚省统一管理，因此温哥华市的城市废弃物管理不包括工业废弃物。

从整体来看，温哥华市城市废弃物的处理方式包括循环利用、堆肥、焚烧及填埋四种。焚烧和填埋被认为是废弃物的最终处理方式，温哥华市力图减少废弃物焚烧量和填埋量。

2016 年温哥华市的城市废弃物总量为 97.6 万 t，其中 60.5 万 t 废弃物被循环利用或堆肥处理，占总量的 62%；其余的 37.1 万 t 废弃物被用于焚烧或填埋，占总量的 38%。温哥华市在 2008—2016 年不断提高废弃物的循环利用和堆肥量，焚烧和填埋量基本呈逐年减少的趋势（见图 1.2），由 2008 年的 48 万 t 减少到 2016 年的 37.1 万 t，降幅近 23%。

表 1.1 温哥华市城市废弃物分类

<table>
<tr><td rowspan="7">城市废弃物</td><td rowspan="5">生活废弃物</td><td>可循环利用废弃物</td><td>玻璃、金属储物盒、饮料瓶、纸板、厨余、干净木材等</td></tr>
<tr><td rowspan="2">厨余和庭院废弃物</td><td>厨余类：乳制品、蛋壳、水果及蔬菜的碎片、鱼和海鲜贝壳、面条、米饭、豆类、谷物；板材刮屑；少量油脂（浸泡在纸巾或报纸上）；茶包、咖啡渣和过滤纸等</td></tr>
<tr><td>庭院类：树叶和草；树枝（尺寸在 10 cm 厚、50 cm 长）；杂草、植物和花卉</td></tr>
<tr><td>可焚烧或填埋废弃物</td><td>尿不湿、泡沫包装、塑料密封袋、糖果包装等</td></tr>
<tr><td>有毒有害废弃物</td><td>压缩气体、易燃和可燃液体、易燃固体、有毒和感染性物质、蚀性物质、运输过程对生命健康构成威胁的产品等</td></tr>
<tr><td>建筑废弃物①</td><td colspan="2">木材，软质建筑材料如塑料、地毯和绝缘材料，屋面材料，庭院装饰和土地清理废物，混凝土，金属，瓦楞纸板和轮胎</td></tr>
<tr><td>商业废弃物</td><td colspan="2">商业企业产生的上述生活废弃物及建筑废弃物</td></tr>
</table>

数据来源：温哥华市政府官网。

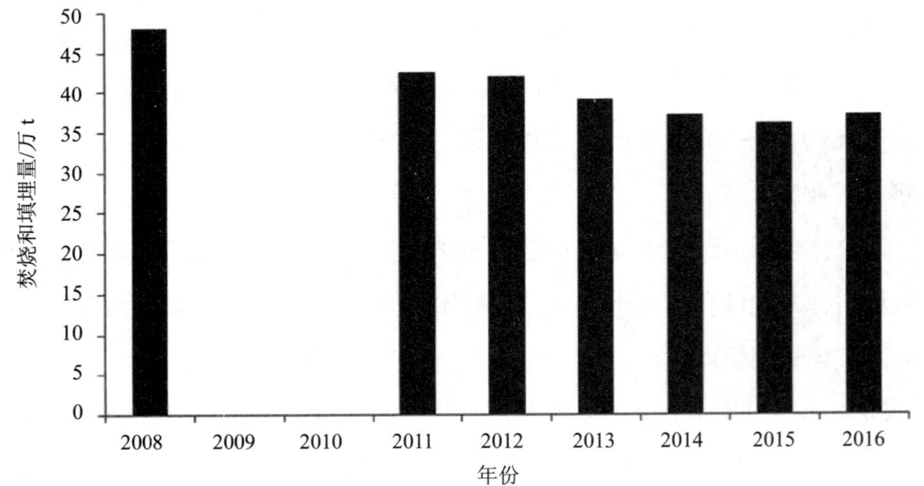

图 1.2 2008—2016 年温哥华市废弃物焚烧和填埋量

数据来源：温哥华市 2017 年度填埋报告，2009—2010 年未获得具体数据。

---

① 建筑废弃物的最后处理方式包括循环利用、填埋、焚烧等，与生活废弃物类似，但是建筑废弃物的处理涉及较多中间环节，温哥华市对每种建筑废弃物的第一步处理方式予以规定，如要求建筑废弃物产生者投放至某处、外包给某家服务商等，而不是直接列出每种建筑废弃物对应的最终处理方式。

1.1.3 “无废城市”目标

温哥华市自2011年以来，陆续出台了多份包括实现“无废目标”的计划和行动方案，并在2018年5月发布了《无废2040》战略计划。该战略计划明确设定，通过减少废弃物产生、尽可能地重复利用、循环利用、堆肥等手段，到2040年实现没有城市废弃物被焚烧或填埋的“无废目标”。《无废2040》战略计划列出了实现“无废目标”的理念方法、优先领域及各领域将开展的工作，具体内容见本章第5节。

1.2 实现“无废城市”的管理分工

温哥华市的城市废弃物管理体系是大温哥华地区的一部分，并较为系统完善。由于温哥华市的“无废目标”针对所有城市废弃物，因此涉及的主要利益相关方包括政府、生产企业、家庭、商业企业、建筑企业、废弃物收集及处理商等。各利益相关方的具体责任及操作如下：

1.2.1 政府部门

不列颠哥伦比亚省的废弃物管理包括省级、区域级、市级3个层面。在不列颠哥伦比亚省级立法及监督下，该省的大温哥华地区建立了城市废弃物管理体系，主要包括城市废弃物相关的规划、政策、战略等。温哥华市政府和大温哥华地区政府紧密合作，制定了温哥华市的城市废弃物管理体系，并和温哥华市附近的三角洲市政府合作制订了城市废弃物填埋相关的计划和措施。

1.2.2 生产企业

温哥华市所在的不列颠哥伦比亚省采用生产企业责任制。生产企业责任制指生产企业（包括制造商、品牌商、进口商等）对其产品及产品包装的全周期负责，从产品的设计、材料挑选，到产品生命周期结束时对其回收处理。不列颠哥伦比亚省的环境和气候变化战略部负责相关事宜。温哥华市根据不列颠哥伦比亚省的要求对相关行业、企业采用生产企业责任制，并根据实际情况增加覆盖的行业范围。

1.2.3 废弃物收集商

温哥华市政府此前提供废弃物收集服务，但在 2016 年 11 月将该业务外包给循环不列颠哥伦比亚公司（Recycle BC），该公司负责提供和出售温哥华市的垃圾桶、垃圾盒、垃圾袋、垃圾标记卡等，并对独栋住房及公寓楼提供不同型号的垃圾收集装置。

1.2.4 废弃物运输处理商

温哥华市具有南区转运中心（South Transfer Station）、无废中心（Zero Waste Centre）、废弃物填埋和循环厂（Landfill and Recycling Depot），均为政府所有。南区转运中心建于 1989 年，位于温哥华市区内，方便当地居民和商业企业投放生活废弃物。无废中心同样位于温哥华市区内，为当地居民和小型废弃物运输工提供废弃物的重复和循环利用服务。每天约 500 辆废弃物运输车辆。废弃物填埋和循环厂建于 1966 年，位于和温哥华市毗邻的三角洲市，具有不列颠哥伦比亚省的环境和气候变化战略部颁发的操作许可证。该厂不只处理温哥华市的废弃物，也处理附近其他城市的废弃物，总共处理温哥华地区 75%的废弃物，年处理量可达 75 万 t。

1.2.5 其他废弃物处理商

温哥华市废弃物管理体系较为多元，除了上文 1.2.3 和 1.2.4 中提及的废弃物收集及处理企业，还具有众多的私营企业及非营利机构广泛参与废弃物收集、运输、处理的各个环节，这对该市实现无废目标增加了复杂度的同时也提供了更多的机会。

1.2.6 家庭

家庭需向 Recycle BC 公司申请不同种类的垃圾箱、垃圾袋等，并定期缴纳垃圾费用。家庭需根据要求将生活废弃物分类（按可循环利用、厨余及庭院废弃物、可焚烧或填埋）装到不同垃圾袋、分类投放到垃圾箱，也可自行送至南区转运中心。对于有毒有害物质，家庭需根据实际类别自行送至相应的废弃物处理站点，或是预约上门服务。

1.2.7 商业企业

商业企业需单独签约专门的废弃物服务提供商，以收集、运输、处理其产生的废弃物。温哥华市认为商业企业主要产生生活废弃物和建筑废弃物。对于生活废弃物，和 1.2.6 家庭类似，商业企业需分类装到不同垃圾袋、分类投放到垃圾箱（基于其签约的处理商的要求）。对于建筑废弃物，商业企业需按特定要求投放。商业企业若预在路边放置垃圾箱，需让签约的废弃物服务商向温哥华市政府申请许可。

1.2.8 建筑企业

建筑企业在预拆除旧建筑修建新建筑时需向政府申请许可，并填写建筑废弃物的重复利用和循环利用计划，并在完成建筑废弃物处理后填写合规表，以确保达到要求的重复利用率和循环利用率，合规后政府才颁发允许修建新建筑的许可。建筑企业可将具体事宜外包给专门的废弃物处理商。

1.3 实现“无废城市”的规划及法律法规

温哥华市在近年来制定了多种法律、法规，以减少废弃物量、增加废弃物回收利用，来实现“无废目标”，主要包括以下两大类。

1.3.1 制定明确的“无废”规划

2011年1月，温哥华市议会通过了14项最环保（Greenest）城市目标，其中一项为到2020年填埋和焚烧的废弃物较2008年减少50%。2011年3月，温哥华市议会同意采用大温哥华地区的综合固体废弃物和资源管理计划，通过减少、再利用、循环、回收等方式加强废弃物综合管理。2011年7月，温哥华市议会通过了最环保城市行动计划（Greenest City Action Plan），其中包括实现“无废目标”。2016年5月，温哥华市议会要求相关部门制定无废战略，以真正落实“无废目标”成为最环保城市，通过两年的工作，《无废 2040》战略计划在2018年5月正式颁布。该战略明确了到2040年焚烧和填埋的废弃物为零的目标，列出了实现“无废目标”的理念方法、优先领域及各领域将开展的工作。

1.3.2 立法进行强制要求

温哥华市所在的大温哥华地区颁布了地方法则（bylaw），禁止将可循环利用废弃物，有毒或可重复使用的废弃物（包括汽车部件、石棉、可燃物等），以及属于生产者责任制负责的废弃物装入可填埋废弃物的垃圾袋送至处理站。温哥华市政府出台了地方法则，要求所有家庭和商业企业将有机废弃物和其他废弃物分离开来，禁止将有机废弃物随意投放。2004年生效的《循环法规》要求温哥华市的相关企业为可回收利用废弃物的回收服务付费，这部分费用不再由消费者承担。2016年2月颁布的《绿色拆除》地方法则，要求建筑商在拆除1940年前建造的房屋时，需重复或循环利用至少70%的建筑废弃物。

1.4 实现“无废城市”的措施

除了上述立法及其强制要求的措施，温哥华市主要采取了以下措施来实现

“无废城市”的目标。

1.4.1 制定并实施完善的生活废弃物收集体系

温哥华市为每户家庭免费提供一个灰色垃圾箱和一个绿色垃圾箱，前者用于收集可焚烧或填埋的生活废弃物，如尿不湿、泡沫包装、糖果包装等；后者用于收集厨余。垃圾桶由 Recycle BC 公司提供，但家庭需自行申请。每户家庭可根据实际人数及生活废弃物量选择垃圾箱，如 2～3 人的家庭可选择 120 L 的垃圾箱（见表 1.2）。如果有其他需要或垃圾箱损毁等，家庭可预订新的垃圾箱。温哥华市向家庭收取垃圾费，主要根据垃圾箱的容量分为不同等级，以鼓励使用容量小的垃圾箱、减少生活废弃物。对于大件的生活垃圾，家庭需装在标准的垃圾袋，并在市政厅、小区中心等地方购买大件垃圾标记卡（2 美元 1 张）贴在垃圾袋上。

表 1.2　2018 年温哥华市垃圾费率

家庭人数	垃圾箱体积/L	2018 年家庭垃圾费/美元	
		灰色垃圾箱	绿色垃圾箱
2 人及以下	75	84	—
2～3 人	120	96	119
3～4 人	180	114	140
4～6 人	240	131	161
6 人及以上	360	165	203

数据来源：温哥华市政府官网。

1.4.2 确保家庭生活废弃物的循环利用

循环利用是实现“无废目标”的重要部分。Recycle BC 为温哥华市所在的不列颠哥伦比亚省的所有家庭提供可循环利用的生活废弃物（如纸质、塑料、床垫、石膏预制板、木材）的收集、循环利用服务。该企业是一家非营利性机构，由超过 1 200 家企业（包括生产商、零售商、餐厅等）赞助，即 1.3.2 提到的温哥华市要求相关企业为这部分废弃物的回收利用付费，因此该项服务不需要家庭额外支出费用。Recycle BC 提供的该项服务包括两种方式：一是在多层住房外放置针对纸类、塑料容器、玻璃器皿这三类生活废弃物的垃圾箱；二是上门收取各类废弃物。对于第二种方式，家庭需提前按纸类、塑料容器、玻璃器皿三种方式分类，并通过温哥华市政府网页或下载 APP 查找收集时间表。

1.4.3 采用生产者责任制并不断扩大其覆盖范围

温哥华市及其所在的不列颠哥伦比亚省采用生产企业责任制，要求生产企业从产品的设计、材料挑选，到产品生命周期结束时对其回收处理。这有利于该市减少及回收废弃物。在不列颠哥伦比亚省指定的范围内，温哥华市不断扩大生产企业责任制的覆盖范围，2017 年新增打印纸张和包装，纺织品、地毯和家具，建筑材料等行业的生产企业。温哥华市政府估算，通过已有的和未来将扩大的生产企业责任制范围能覆盖城市废弃物的 50%。

1.4.4 减少一次性物品的使用

2016 年温哥华市在倡导全市减少一次性物品使用，包括减少塑料及纸质购物袋、聚苯乙烯泡沫塑料杯、一次性水杯、吸管及餐具、外卖食品包装，并且制订了 2016—2025 年的具体计划。一次性物品是城市生活垃圾的重要来源，且难以再利用，对生态环境污染较大，减少一次性物品的使用将从源头减少城市废弃物。

1.4.5 加大建筑废弃物的回收及循环利用

温哥华市严格管理建筑废弃物，要求建筑企业在拆除 1940 年前修建的房屋后，需重复或循环使用至少 70%的建筑废弃物，并且禁止焚烧或填埋干净木质废弃物。为了建筑企业及废弃物处理商有章可循，温哥华市对建筑废弃物制定了各种细则，包括建筑废弃物处理工具包、含铅建筑材料的处理指导意见、绿色家庭装修指导意见等。

1.5 《无废 2040》战略计划的内容

如前所述，温哥华市已经建立了完善和高效的废弃物管理体系，并通过各种立法及具体措施减少废弃物的填埋率。基于这些先决条件，该市制订了《无废 2040》战略计划。该计划作为政策框架，主要列出实现“无废目标”的理念方法、优先领域及各领域将开展的工作。有别于之前的相关计划，《无废 2040》强调实现“无废目标”的复杂性和系统性，提出需加强各领域利益相关方的交流和合作。该计划将每 5 年评估一次，以调整具体的措施和利益相关方的角色。

实现无废的核心逻辑是避免产生、减少、重复利用、循环利用及能源恢复（主要是堆肥）、彻底处置废弃物 5 种层级。《无废 2040》战略计划认为需将传统的资源“开采—生产—消费—处理”的线性模式向循环经济模式转型，在实现“无废目标”的过程中将有助于实现社会目标、形成“无废”文化、减少温哥华市的碳排放以及生态足迹。该计划列出了实现温哥华市“无废目标”的四大优先领域，分别为食品、消费品①、建筑、最终处理（见图 1.3）。2016 年前 3 个领域产生的被用于焚烧和填埋的废弃物量分别为 15.8 万 t、11.4 万 t、9.9 万 t，总共 37.1 万 t，即第四领域的量。

① 消费品指纸质和塑料包装、纺织品、家庭卫生用品、不可堆肥的有机物以及包括一次性用具在内的各种混合材料。

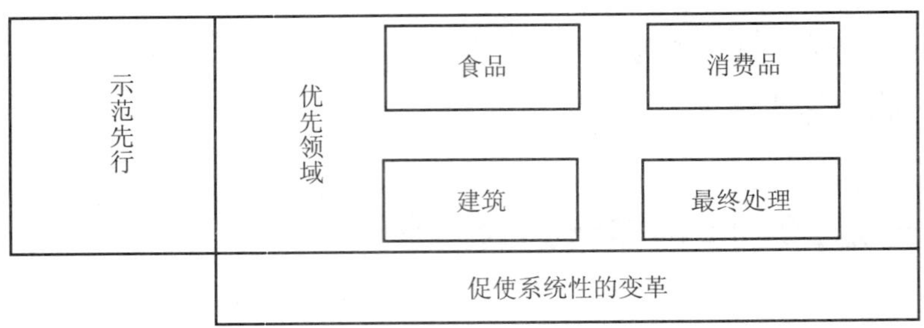

图 1.3 《无废 2040》优先领域

《无废 2040》战略计划对每个优先领域列出了优先措施，具体如下。

1.5.1 建筑方面

一是制定关于建筑废弃物中的木质废弃物的重复使用及堆肥计划；二是扩大《绿色拆除法则》的范围，要求所有房屋拆除后建筑废弃物的重复和循环使用率达到至少 75%（此前仅针对 1940 年前修建的房屋）；三是制定支持及发展建筑物废弃物市场的方案。

1.5.2 食品和最终处理方面

一是制定有机厨余的处理方案；二是明确减少厨余及提高厨余重新分配的方式，包括制定厨余产生、存储、重新分配的清单。后者同时将有助于温哥华市的食物战略、健康城市战略等。

1.5.3 消费品方面

一是执行减少一次性使用的战略；二是增加无废社区活动；三是制定关于减少、重复、循环使用纸类及塑料类废弃物的新方案；四是支持并发展重复使用及分享使用；五是制定减少服装废弃物的战略。

1.5.4 在示范优先方面

主要是制订全方位的无废绿色措施计划，包括实现政府拥有的建筑拆除后废弃物高循环使用率、修建新设施时采用重复使用的废弃物、政府会议使用可重复使用的水杯餐具避免使用瓶装水、采购能实现“无废”的企业的产品、探索使用环境评分系统以确定及减少基建项目废弃物等。

参考文献

[1] City of Vancouver. 2016. Zero Waste 2040.

[2] City of Vancouver. 2017. 2016 Vancouver Landfill Annual Report. https：//vancouver.ca/files/cov/2016-vancouver-landfill-annual-report.pdf.

[3] City of Vancouver. 2018. 2017 Vancouver Landfill Annual Report. https：//vancouver.ca/files/cov/vancouver-%20landfill-annual-report-final-2017.pdf.

[4] City of Vancouver. Demolition permit with recycling requirements. https：//vancouver.ca/home-property-development/demolition-permit-with-recycling-requirements.aspx.

[5] City of Vancouver. Extra garbage stickers. https：//vancouver.ca/home-property-development/stickers-for-extra-garbage-bags.aspx.

[6] City of Vancouver. Green Demolition By-law. https：//app.vancouver.ca/bylaw_net/Report.aspx?bylawid=11023.

[7] City of Vancouver. How to order，replace，or change bin size. https：//vancouver.ca/home-property-development/garbage-bins-and-green-bins.aspx.

[8] City of Vancouver. Recycling and disposal facilities. https：//vancouver.ca/home-property-development/recycling-and-disposal-facilities.aspx.

[9] Metrovancouver. Disposal Ban Program. http：//www.metrovancouver.org/services/solid-waste/bylaws-regulations/banned-materials/Pages/default.aspx.

2　新西兰奥克兰地区

摘　要：奥克兰地区在2012年的《废弃物管理及最小化规划》（*Waste Management and Minimisation Plan*）中提出到2040年实现“无废城市”的目标，并在2018年的《废弃物管理及最小化规划》中重申了该目标。奥克兰的“无废”指最大化废弃物的资源价值，使得最终没有城市废弃物被焚烧或填埋。近年来，一方面随着人口增多、房屋修建增多，奥克兰的城市废弃物逐年增多，特别是垃圾填埋量持续上升；另一方面奥克兰不断完善其废弃物管理体系，人均生活废弃物逐年减少。奥克兰议会是废弃物的主管单位，但管理权限是生活废弃物，而不能直接管理商业废弃物。在有限的预算和权力范围内，奥克兰政府明确了“无废”的长远规划，并制定了针对各类废弃物的方案及具体目标。从基础设施来看，奥克兰具有较完备的废弃物处理厂、中转站、循环中心、重复利用中心，为废弃物处理打下了基础，并且正在建立更多的社区循环中心，以便回收循环废弃物。从商业角度看，奥克兰具有多元且大量的废弃物服务商，其中既有大型的商业企业，也有小型的运营商；同时，奥克兰拥有成熟的废弃物资源恢复市场，大量企业在细分的废弃物种类里从事回收处理相关业务，创造出商业价值。奥克兰的贸易中心为处理后的可循环利用废弃物交易提供了便利。奥克兰采取了一系列措施推进“无废城市”建立，包括将“无废”理念和民族智慧结合让“无废”理念深入人心，设计激励机制鼓励家庭减少废弃物，建立培训中心并开展广泛的培训，对特殊区域制定专门的废弃物管理方案并提供财政补贴，设立“废弃物最小化和创新基金”支持相关创新等。值得一提的是，奥克兰采取了较为严格且透明的评估体系，评估是否达到设定的废弃物管理目标，并不断提出新的目标，这有助于“无废城市”建设的扎实推进。

2.1 奥克兰城市废弃物现状

2.1.1 城市概况

奥克兰地区（Auckland Region）位于新西兰北岛，面积约 4 894 km^2，是新西兰 16 个区之一，陆地面积在所有地区中排第 15 位。最新官方数据显示，2018 年 6 月奥克兰地区人数约为 163 万，占全国总人口的 1/3，是新西兰人数最多的地区。奥克兰地区包括奥克兰城区（该城区包括奥克兰市 Auckland City 等 7 个市）、小城镇、农村以及豪拉基湾的岛屿。在 2010 年 11 月前各市议会独立管辖各市，此后 7 个市议会和区域议会合并组成奥克兰议会（Auckland Council），负责管辖整个奥克兰地区。本书中的案例多为城市，由于奥克兰市的废弃物不是单独管理，而是作为奥克兰地区的一部分被统一管理，因此本案例选择奥克兰地区进行整体情况的研究。

奥克兰地区（以下简称奥克兰）（见图 2.1）早在 1350 年便有人居住，在 1840 年成为英国殖民地后被确定首都，该地位于 1865 年被惠灵顿取代。奥克兰拥有多元文化，欧洲人占大多数，具有一定数量的毛利人、太平洋岛民和亚洲人，并且拥有世界上最多的波利尼西亚人。奥克兰从北部的凯帕拉港口延伸到北部半岛的南部，经过怀塔克雷山脉和奥克兰地峡，穿过曼努考港周围的低洼地带。该地区距离怀卡托河口仅几千米。该地区北部与北国地区（Northland Region）接壤，南部与怀卡托地区接壤。奥克兰的中央商务区是新西兰的主要金融中心，特别是，该区的奥克兰市在商业、艺术和教育方面的重要性被评为“Beta +”世界城市。虽然奥克兰市是世界上生活成本最昂贵的城市之一，但在

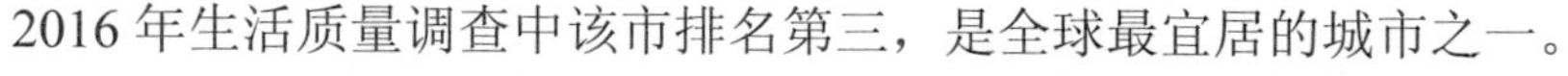

2016 年生活质量调查中该市排名第三，是全球最宜居的城市之一。

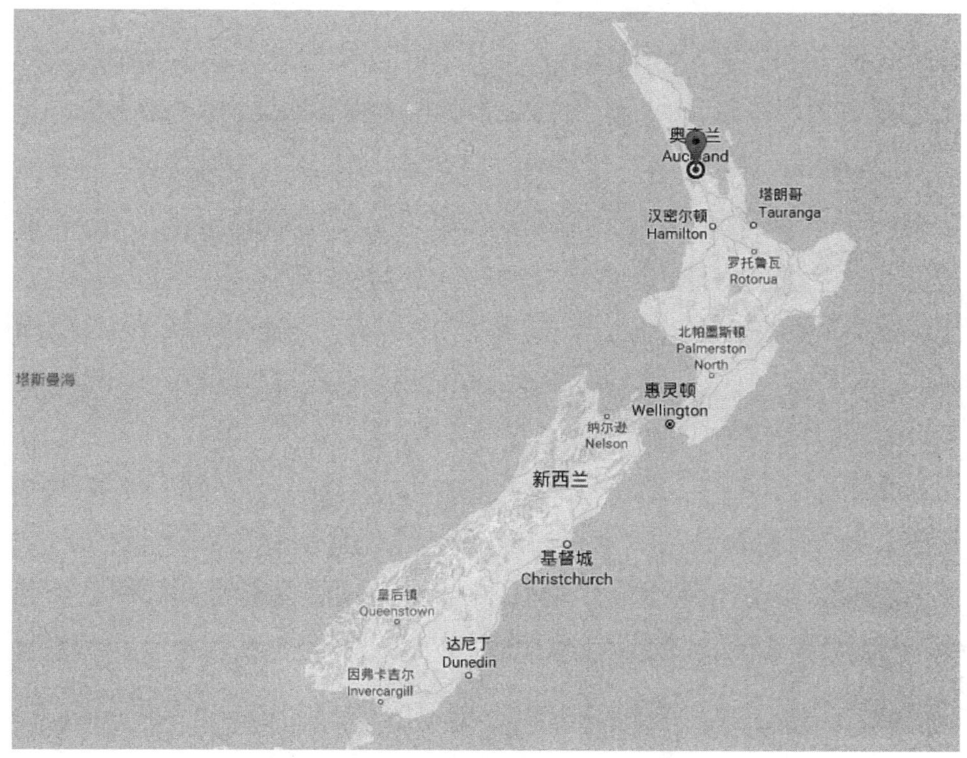

图 2.1　奥克兰的地理位置

图片来源：谷歌地图。

2.1.2　城市废弃物分类、总量及处理情况

奥克兰的城市废弃物分为生活废弃物和商业废弃物两大类。生活废弃物指家庭生活产生的废弃物，分为可循环利用、厨余、填埋、无机、有害物质五大类（见表 2.1）。和全球大多数城市的分类不同，奥克兰将工业生产中的工业废弃物、修建和拆除建筑产生的建筑废弃物等归为商业废弃物。整体来看，奥克兰的城市废弃物处理方式包括重复利用、循环利用和填埋三种。奥克兰没有垃圾焚烧厂，对城市废弃物不采用焚烧处理。

表 2.1 生活废弃物分类

可循环利用	玻璃瓶、玻璃罐，锡、钢和铝罐，厨房、浴室和洗衣房的塑料瓶，透明塑料食品容器，纸张、报纸、杂志、广告信件和信封（大堡礁岛除外），牛奶和果汁纸盒（大堡礁岛除外），披萨盒和纸板包装（大堡礁岛除外），鸡蛋盒（大堡礁岛除外）
厨余	鸡蛋壳、果皮、蔬菜等
填埋	塑料包装，铝箔包装，一次性杯子、盘子和餐具，聚苯乙烯外卖容器，尿布和卫生用品，碎玻璃，包裹，部分塑料制品等
无机（inorganic）	大型家电：冰箱、冰柜、洗衣机和烤箱 小家电：水壶、熨斗和吸尘器 家具：床、沙发、椅子、厨房用品和装饰品 体育用品：健身器材、自行车和玩具 装修材料：地毯、木材、工具、固定装置和配件、浴缸和水槽 户外用品：割草机、烧烤用具、园林工具和户外家具 电子产品：电视、电脑、手机和 DVD 播放器
有害物质	易燃的、有毒的爆炸物，腐蚀性的、放射性的废弃物，常见如大多数化学品、油漆、酸和气瓶

奥克兰的城市废弃物中，生活废弃物占 18%～20%，商业废弃物占 80%～82%。奥克兰议会管理该地区的生活废弃物，但不直接管理商业废弃物。商业废弃物由企业直接和服务商签约进行处理。由于商业秘密等原因，商业废弃物的数据不完全公开。从废弃物收集角度，居民垃圾箱是收集生活可循环利用废弃物①的渠道，2016 年居民垃圾箱的可循环利用废弃物共 13 万 t，纸类和玻璃占比近 80%，其他为塑料、金属罐等。由于投放不合理，街边垃圾箱出现塑料袋等不可循环利用物（称为污染物）占比达 13%。可循环利用生活废弃物中各类别占比见图 2.2。

① 奥克兰仅把用于填埋的城市废弃物称为“废弃物（waste）”，可循环利用的称为“可转移材料（diverted materials）”。为表述方便和便于读者理解，本书将其均称为废弃物，具体来看，前者称为用于填埋的废弃物，后者称为可循环利用的废弃物。

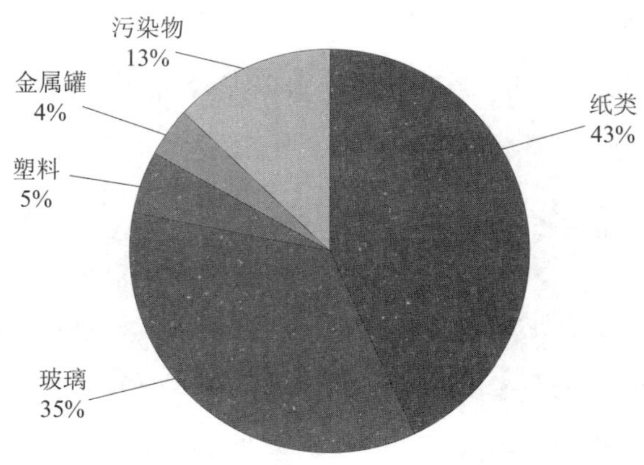

图 2.2　2016 年奥克兰可循环利用生活废弃物

数据来源：《2018 年奥克兰废弃物管理及最小化规划》。

从处理方式来看，2016 年共有 165 万 t 城市废弃物被填埋，相当于每 1 个奥克兰人产生 1 t 被填埋的城市废弃物。近年来，由于人口增长和建筑物增多，建筑废弃物增加，使得建筑废弃物填埋增加，导致总的城市废弃物填埋增加，2016 年比 2010 年增加了 40%（见图 2.3）。与此同时，填埋的有机废弃物和塑料也显

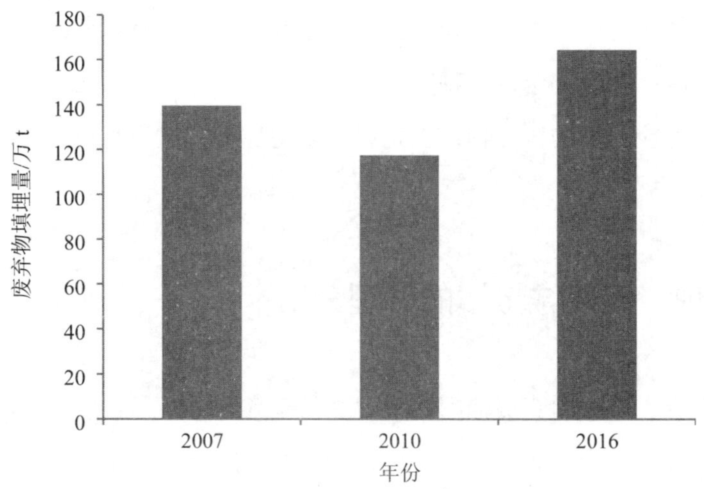

图 2.3　2007 年、2010 年和 2016 年奥克兰城市废弃物填埋量

数据来源：《2017 年奥克兰废弃物评估报告》。

著增加。通过不断努力，奥克兰填埋的人均生活废弃物逐年减少，从 2010 年的 160 kg 减少到 2016 年的 140 kg。同期，公共办公场所产生的废弃物减少 30%，填埋的生活废弃物也呈减少趋势。

2.1.3 “无废城市”目标

奥克兰议会认为，城市废弃物不可能被完全重复利用或循环利用，目前也没有可行的经济和技术方案解决废弃物填埋问题，但即便如此，依然可以采取有效措施向“无废”目标推进。同时，奥克兰议会认为被填埋的废弃物具有较大的经济价值，估计 2016 年被填埋的可循环废弃物价值在 1 500 万～7 300 万美元，因此实现“无废城市”也会带来经济效益。

奥克兰议会在 2012 年的《废弃物管理及最小化规划》（*Waste Management and Minimisation Plan*）中第一次明确提出设定了“无废城市”的目标。该目标具体指通过最大化废弃物的资源效率，到 2040 年没有城市废弃物被焚烧或填埋。奥克兰议会在 2018 年的《废弃物管理及最小化规划》中重申了该目标。具体来看，实现“无废”包括 5 个方面：一是合理设计、制造、销售和引导消费者选择以在初始阶段减少废弃物产生；二是合理使用原材料最大化的价值，并减少环境影响；三是基于废弃物管理的优先级别设计产品；四是在产品和生产设计时消除可能产生的废弃物；五是将废弃物加工生产为其他产品以增加重复使用（详见 2.5 节）。

2.2 实现“无废城市”的管理分工

虽然奥克兰议会的职责范围是管理生活废弃物，并不直接管理商业废弃物，但奥克兰议会设定的“无废目标”包括所有城市废弃物。整体来看，实现“无废城市”的主要利益相关方包括政府、家庭、建筑企业、生产企业、废弃物服务商等。各利益相关方的具体职责及操作如下。

2.2.1 政府部门

2008 年新西兰颁布的《废弃物最小法案》(*Waste Minimisation Act*)明确了废弃物最小化的责任人是议会，而不是废弃物产生者。奥克兰议会负责制定废弃物管理目标，协调管理废弃物服务商，拥有和运转该地区多数垃圾填埋厂。同时，奥克兰议会负责提供生活废弃物收集服务（实际操作过中该服务均外包给私企），制定并征收垃圾费（由新西兰环境部审议通过），投放街边垃圾桶等。尽管奥克兰议会不直接管理商业废弃物，但通过和企业合作提升企业意识，并通过推动国家层面立法等方式间接影响商业废弃物。

2.2.2 废弃物综合服务企业

奥克兰的废弃物服务商较为多元，其中既有大型的商业企业，也有小型的运营商。大型企业主要是新西兰废弃物管理公司（Waste Management New Zealand Ltd）和环境新西兰（Enviro New Zealand Ltd）两家，运营奥克兰的部分废弃物转运站、填埋厂，并且参与废弃物收集、运输、处理等各领域。

2.2.3 废弃物收集企业

奥克兰共有约 100 家获得许可的废弃物收集企业，根据允许的运营范围收集生活废弃物或商业废弃物。奥克兰目前出现小企业不断被大企业兼并整合的现象。

2.2.4 废弃物循环处理企业

奥克兰具有成熟的废弃物资源恢复（即循环利用）市场，具有从事纸类、玻璃、金属、塑料、建筑等不同类型废弃物回收循环处理的各类企业。经处理后的废弃物被销售到国际或国内市场，奥克兰作为新西兰的商业中心为可循环废弃物交易提供了便利。新西兰废弃金属循环协会（Scrap Metal Recycling

Association of New Zealand）指出，废旧金属已经是该国第 17 大出口物品。

2.2.5 废弃物处理厂

根据废弃物处理方式，奥克兰具有配套的处理厂。目前奥克兰共有 5 座垃圾填埋厂为垃圾填埋提供服务，其中 3 座位于奥克兰地区内、2 座位于临近地区（1 座在北国地区、另 1 座在怀卡托地区）。奥克兰共有 14 家废弃物转运站，其中 9 家属于私企，1 家由议会所有、私企运作，4 家由议会所有并运作；共有 5 个社区循环中心，均为议会所有、社区运作；共有 8 个有机废弃物处理中心；共有 21 家废弃物处理厂（分别针对金属、玻璃、纸类等）；共有 3 家资源恢复中心（针对可循环废弃物）。

2.2.6 家庭

家庭需向政府申请针对可填埋废弃物和可循环利用废弃物的两种垃圾桶（容量为 120 L 或 240 L），并支付费用。位于城区的家庭还可申请厨余垃圾桶。居民需按规定分类投放生活废弃物。有害废弃物和无机废弃物不能投放至上述垃圾桶。对于有害废弃物，居民需携带至指定转运站，目前该区共 4 家；对于无机废弃物，居民需打电话预约上门回收服务。此外，居民可以将可回收利用废弃物等直接投放至社区循环中心。每个社区循环中心对废弃物种类要求略有差别。

2.2.7 生产企业和建筑企业

奥克兰的商业废弃物不由议会直接管理，生产企业和建筑企业等根据行业内的相关规定和废弃物处理商签约，单独处理产生的废弃物。

2.3 实现“无废城市”的规划及法律法规

奥克兰的“无废”相关法律法规主要基于新西兰 2002 年颁布的《新西兰废

弃物战略》（该战略于2010年更新），以及政府管理领域法律，包括2002年颁布的《地方政府法案》、2004年的《奥克兰地方政府修正法案》；环境领域法律，包括1991年的《资源管理法案》、1993年的《生态安全法案》、2002年的《气候变化应对法案》；健康领域法律，包括1956年的《健康法案》、2015年的《健康与安全法案》；废弃物管理领域法律，包括1979年的《废弃物法案》、1996年的《有害物质及新物质法案》等。

与此同时，奥克兰地区的“无废”相关法律法规充分考虑了该地区颁布的其他相关政策，如2012年颁布涉及奥克兰地区30年发展的《奥克兰规划》、2012年《固废地方法则》（bylaw）、2014年《低碳奥克兰》、2014年《繁盛社区》、2016年《奥克兰走向更环保方案》、2016年《2016—2021年奥克兰民防和应急管理规划》、2017年《收入和融资政策》等。具体来看，实现“无废城市”的规划和法律法规包括以下几个方面。

2.3.1 颁布“无废”基本法律奠定基础

上述提到的新西兰在2008年颁布的《废弃物最小化法案》是实现“无废”的基本法律，为奥克兰后续制定“无废”规划及方案等奠定了制度基础。该法案指出减少废弃物及减少填埋的目的是保护环境，并带来环境、社会、经济和文化效益；明确了实现废弃物最小化的责任人是各地区议会，而不是废弃物产生者。

2.3.2 明确“无废城市”目标并逐步推进

虽然奥克兰议会只管理生活废弃物而不直接管理商业废弃物，但该议会仍早在2012年的《废弃物管理及最小化规划》便提出了针对所有城市废弃物的“无废”目标，并制定了针对每类废弃物的目标及实现方案。通过6年不断完善废弃物管理体系，奥克兰议会在2018年再次颁布《废弃物管理及最小化规划》，重申“无废”目标，在之前基础上对各类废弃物制定了量化目标及方案措施，对能直接管理的领域采取强力措施，对不直接管理的领域采取和其他政府机构、商业企业和社区等积极合作的方式，稳步朝“无废”目标推进。

2.3.3 分类别分阶段制定量化目标

奥克兰市制定了到2028年城市废弃物比2012年减少30%的总目标，届时人均年城市废弃物量由832 kg减少到582 kg。对于生活废弃物，到2021年比2012年减少30%，人均由160 kg减为110 kg；2021—2028年，再减少20%，由人均110 kg减少到88 kg。对于市政单位产生的废弃物，到2024年人均市政单位产生的废弃物比2012年减少60%。

2.4 实现“无废城市”的措施

整体来看，奥克兰由于人口增长、建筑工程增多，导致城市废弃物总量增加；与此同时，新西兰的填埋费、垃圾费（适用于奥克兰）较低，这不利于减少废弃物填埋。虽然如此，奥克兰仍不断改进并完善其废弃物管理体系，并采取了多种措施以实现“无废城市”的目标，主要包括以下几点。

2.4.1 将“无废”理念和民族智慧结合

奥克兰有大量的毛利人，奥克兰在阐释“无废”理念时将其和毛利人的传说相结合。毛利人认为地球母亲和天空父亲是人类的原始父母，他们的儿女将其分开并为世界带来了光明，并分别负责风、森林、植物、海洋等领域，这些领域交织创造了人类。毛利人关于宇宙起源的传说认为人类与环境本为一体，这和“无废”理念一脉相承。现代人类需要通过长期的行为改变，减少废弃物产生，并使废弃物不对环境造成负面影响。奥克兰将“无废”理念和毛利人的传说相结合，并且不断在居民中推广传播，产生了较强的认知度和接受度，有助于“无废”理念的推广和落实。

2.4.2 不断完善废弃物收集体系

奥克兰的生活废弃物收集及运输较为多元。自 2012 年以来，奥克兰在以下方面完善了废弃物收集体系：①无机废弃物不能直接投放至垃圾桶，居民需预订上门收集服务；②采用垃圾桶专门收集家庭产生的可循环利用废弃物；③采用垃圾桶取代之前的垃圾袋收集用于填埋的生活废弃物，仅在农村地区和豪拉基湾群岛同时采用垃圾箱和垃圾袋；④在城市区域开展厨余垃圾收集（该项措施仍在推广中，预计到 2021 年实现全城市覆盖）。

2.4.3 设计激励机制鼓励家庭减少废弃物

奥克兰议会基本统一了全地区的生活废弃物垃圾桶，容量为 240 L 或 120 L。部分区域由私企提供服务，仍采用其他类型的垃圾桶。奥克兰议会秉承废弃物产生者付费的理念，并协助该市居民减少废弃物产生，对生活废弃物采取基于用于填埋废弃物重量（pay-as-you-throw）的收费模式。

2.4.4 建立社区循环中心

奥克兰已经建立了 5 个社区循环中心（计划还将建立 7 个），用于接受社区家庭的建筑废弃物、可循环利用废弃物、厨余、一般混合废弃物等。每个中心根据实际情况接受的废弃物有所差别，个别中心仅接受可循环利用废弃物。社区循环中心是奥克兰资源恢复网络的一部分，对实现“无废城市”起着重要作用。社区循环中心同时有助于创造环境、社会、文化和谐的社区，提供当地就业机会。以较为典型的怀乌库社区循环中心为例，该中心一年减少了当地 62% 的垃圾填埋量，使得 66 t 可循环利用的废弃物得以循环处理，并提供了 10 个当地就业岗位。

2.4.5 培育发达的废弃物回收处理产业

奥克兰具有多元且较多数量的废弃物服务商，并且拥有成熟的废弃物资源恢复市场。奥克兰具有较多企业针对某一类或某几类废弃物进行回收处理，并且不断采用创新、可持续的技术和模式，这不仅创造出了商业价值，也有利于废弃物价值最大化。绿色大猩猩公司（Green Gorilla）专注处理废弃石膏板，制造出改善土壤的石膏肥料；卡利斯塔公司（Kalista）致力于建筑废弃物的再利用；OI Glass 公司通过处理旧玻璃瓶制造出新玻璃瓶；威士公司（Visy）负责处理家庭垃圾桶收集的可循环利用废弃物，并售卖给本地或国际市场以制造新产品。

2.4.6 建立培训中心并开展广泛的培训

奥克兰议会为社区、学校等提供广泛的培训。奥克兰议会在怀塔克利（Waitakere）废弃物转运站建立了"无废区域"（Zero waste zone），提供废弃物管理基本课程以及如何使废弃物最小化的培训，并且提供升级改造废弃物的实践项目和废弃物转运站实地考察。奥克兰大型的废弃物服务商建有"废弃物学习中心""废弃物循环利用教育中心"等，为社区、各年龄段的人群提供各类废弃物相关的智力游戏、培训课程。

2.4.7 持续评估完善废弃物管理体系

奥克兰议会持续评估废弃物管理的有效性，通过收集分析数据，监测和评估废弃物管理进展。自 2012 年颁布《废弃物管理和最小化规划》，该议会根据规划中的活动安排，持续评估活动进展及目标实施情况，提出废弃物收集、循环、恢复、处理等新需求，制订达到废弃物最小化目标的新方案，审议废弃物管理和最小化的可能方案。奥克兰议会在 2017 年发布了全面的《废弃物评估》（*Waste assessment*），为 2018 年的《废弃物管理和最小化规划》奠定了基础。

2.4.8 对特殊区域制定专门的废弃物管理方案并提供财政补贴

奥克兰的豪拉基湾各岛屿地理位置较为独立，运输岛上废弃物的经济成本较高。奥克兰政府将管理各岛上的废弃物作为实现全市“无废”不可分割的部分，制定了独立的废弃物管理方案，明确管理废弃物转运中心、填埋厂、资源恢复中心的方案，收集处理 4 个大岛上的生活废弃物、建筑废弃物，鼓励岛上居民减少产生废弃物并开展相关教育活动。奥克兰政府为该岛上的废弃物管理提供专门的财政补贴。

2.4.9 设立“废弃物最小化和创新基金”支持相关创新活动

新西兰政府向垃圾填埋厂按每填埋 1 t 废弃物征收 10 新西兰元的垃圾填埋费，并将征收的费用成立了国家层面的“废弃物最小化基金”。奥克兰政府从该基金中获得转移补助，并于 2013 年成立了奥克兰地区的“废弃物最小化和创新基金”，每年提供 50 万美元支持创新措施，鼓励奥克兰的企业、社区及学校等提出减少废弃物的创意、设计最小化废弃物的创新措施。截至 2018 年年底，奥克兰政府已向 204 个项目提供了共计 193 万美元的支持。

2.4.10 政府积极行动起到模范作用

奥克兰对市政单位设定了专门的废弃物管理目标，自 2012 年以来，市政单位内设置各类垃圾箱，分类收集纸张、厨余、用于填埋的废弃物，到 2016 年实现了减少 30%填埋垃圾量的目标。此外，奥克兰积极回收利用建筑废弃物，如在拆除行政大楼后，重复利用超过 1 300 件重约 3 t 的物品，包括保温材料、地毯、框架木材等。在拆除社区住宅的过程中，拆除的 6 t 材料被回收用于其他建筑工程。与此同时，城市铁路公司计划在修建铁路过程中不产生用于填埋的废弃物，并要求承包商设计废弃物减少方案，并指导施工。

2.4.11 政府和企业、社区通力合作

在设计“无废城市”过程中，奥克兰政府积极邀请社区群众参与，奥克兰议会的“无废”设计团队和19个社区合作伙伴签订了多年协议，让社区贡献社区经验并参与“无废城市”设计。与此同时，奥克兰以社区为主动员奥克兰居民减少浪费。由于奥克兰议会并不直接管理商业废弃物，为了实现包括所有城市废弃物的无废目标，该政府和企业合作，积极鼓励采取生产者责任制。

2.5 2018年的《废弃物管理及最小化规划》内容

奥克兰在2012年颁布了《废弃物管理及最小化规划》，提出“到2040年实现‘无废城市’的目标”，并明确“无废”的定义是最大化利用资源，并使得没有城市废弃物被焚烧或填埋。基于该规划的有效实施以及该市在管理废弃物方面的进展，奥克兰在2018年再次颁布了《废弃物管理及最小化规划》，重申了“到2040年实现‘无废城市’的目标”，并制定了更为完善和全面的目标、领域、优先行动等。

该规划制定了阶段性的量化目标，主要包括三个方面，一是减少城市废弃物，到2027年将该市人均年城市废弃物由基线值832 kg减少到582 kg；二是减少生活废弃物，到2021年人均年生活废弃物由2016年的160 kg减少为110 kg，净值减少30%；到2028年减少到88 kg，净值进一步减少20%；三是减少市政府产生的废弃物，到2024年在2012年基础上减少60%，并在2019年制定出市政府的废弃物产生基准线（见表2.2）。

该规划对不同的目标领域（即废弃物类型）制定了优先行动（见表2.3），并对每项行动制定了具体的措施及预达到的结果（见表2.4）。

表2.2 2018年的《废弃物管理和最小化规划》目标

总目标	A.减少废弃物产生	B.最大化资源恢复	C.减少废弃物带来的伤害
分目标	①倡导严格的废弃物管理体制以减少废弃物产生	④增加资源恢复的基础设施建设	⑦控制填埋有机废弃物和有害废弃物
	②倡导生产者责任制以避免或减少废弃物在源头产生	⑤探索通过资源恢复给当地经济带来的机会	⑧减少非法倾倒垃圾及减少垃圾带来的疾病
	③增加个人减少废弃物的责任感	⑥实现高效收集和循环利用生活废弃物	⑨有效管理垃圾填埋，并持续减少对填埋厂的依赖

表2.3 2018年的《废弃物管理和最小化规划》优先行动

目标领域	优先行动
城市废弃物	①倡导增加垃圾费； ②倡导生产者责任制； ③对三类重点商业废弃物采取措施，分别为建筑废弃物、有机废弃物、塑料废弃物； ④持续加强资源恢复网络； ⑤着力减少垃圾、非法倾倒及海洋垃圾
家庭产生的生活废弃物	⑥持续优化路边垃圾收集系统及循环措施； ⑦开展厨余收集
市政单位产生的生活废弃物	⑧加强市政单位减少废弃物； ⑨和合作伙伴一起实现“无废城市”

表2.4 2018年的《废弃物管理和最小化规划》优先行动的措施及预期结果

优先行动	具体措施	到2024年的预期结果
①倡导增加垃圾费	与其他议会、企业一起向新西兰政府呼吁增加垃圾费，并审议目前的垃圾费体系	具有资源恢复优先于填埋的金融激励
②倡导生产者责任制	①倡导全国性的强制的饮料瓶押金制度，以及针对电子垃圾、轮胎、电池的回收制度； ②支持行业或企业自愿回收利用其产品	①处理废弃物的责任由纳税人向生产者和消费者转移； ②建立激励机制使得产品设计考虑重复和循环使用

优先行动	具体措施	到2024年的预期结果
③对建筑废弃物、有机废弃物、塑料废弃物三类重点商业废弃物采取措施	①市政单位在处理建筑废弃物时做好表率； ②和生产企业合作探索不填埋的替代方案	到2027年填埋量减少30%
④持续加强资源恢复网络	①修建12座社区循环中心以及资源恢复产业园； ②设计长期的资源恢复基础设施规划	建立起覆盖奥克兰的社区网络，以支持废弃物最小化
⑤着力减少垃圾、非法倾倒及海洋垃圾	①协调防止废弃物产生； ②和社区、各利益相关者一起针对热点地区设计专门方案； ③探索增加实施力度的可能性	居民对其在公共区域投放的垃圾负责，整体环境更加干净整洁
⑥持续优化路边垃圾收集系统及循环措施	预针对奥克兰所有家庭提供的服务： ①根据垃圾量收费，并由每两周一次增加为每周一次； ②每两周收集一次可循环垃圾； ③每周在市区内收集一次厨余垃圾； ④每年收集一次无机物	家庭充分利用垃圾收集服务，并节省垃圾费
⑦开展厨余垃圾收集	持续推进在城区厨余收集，并在2021年推广到全市的所有城区	①城市家庭能够享有该服 ②务；部分有意愿减少厨余或在家堆肥
⑧加强市政单位减少废弃物	①将市政单位的废弃物减少力度由30%提至60%； ②对市政废弃物分类并量化，以制定更好的减少目标	政府做好表率，从而减少垃圾填埋量
⑨和合作伙伴一起实现“无废城市”	①支持社区带头、政府支持的项目； ②和商业行业合作减少商业废弃物	社区、商业机构、废弃物处理商一起寻找减少废弃物的解决方案

参考文献

[1] Auckland Council. 2017. Auckland's Waste Assessment 2017. https：//www.aucklandcouncil.govt.nz/plans-projects-policies-reports-bylaws/our-plans-strategies/topic-based-plans-strategies/environmental-plans-strategies/docswastemanagementplan/waste-assessment-2017.pdf.

[2] Auckland Council. 2018. Auckland Waste Management and Minimisation Plan 2018. https：//www.aucklandcouncil.govt.nz/plans-projects-policies-reports-bylaws/our-plans-strategies/topic-based-plans-strategies/environmental-plans-strategies/docswastemanagementplan/auckland-waste-management-minimisation-plan.pdf.

[3] Auckland Council. 2018. Getting to Zero Waste - Tikapa Moana Hauraki Gulf Islands Waste Plan 2018. https：//www.aucklandcouncil.govt.nz/plans-projects- policies-reports-bylaws/our-plans-strategies/topic-based-plans-strategies/environmental-plans-strategies/docswastemanagementplan/tikapa-moana-hauraki-gulf-islands-waste-plan.pdf.

[4] Auckland Council. Rubbish and recycling bin charges. https：//www.aucklandcouncil.govt.nz/rubbish-recycling/bin-requests/Pages/rubbish-and-recycling-bin-charges.aspx.

[5] Auckland Council. Rubbish and recycling collections. https://www.aucklandcouncil.govt.nz/rubbish-recycling/rubbish-recycling-collections/Pages/default.aspx.

[6] Auckland Council. Book an inorganic collection. https://www.aucklandcouncil.govt.nz/rubbish-recycling/inorganic-collections/Pages/book-inorganic-collection.aspx.

[7] Auckland Council. Rubish. https://www.makethemostofwaste.co.nz/rubbish/.

[8] Auckland Council. Recycling in Auckland. https://www.makethemostofwaste.co.nz/recycling/.

3　美国旧金山市

摘　要：美国旧金山市在2003年确定了到2020年实现无废弃物的目标。无废弃物指对所有废弃物进行回收利用、生物处理，从而不焚烧或填埋。旧金山市作为废弃物管理卓有成效的典范，于2011年被经济学人智库评为北美最环保（Greenest）城市。旧金山市废弃物管理始于20世纪40年代，其成功得益于严格的废弃物相关政策、政府强有力的领导和执行、全面丰富的信息、灵活的激励措施、有效的公私合作、居民意识的提高，以及简单易用的基础设施（三色垃圾桶系统），这些都是实现“无废城市”的基础。旧金山市广泛采用禁令、强制措施、征收费用（均为法律形式）等方式减少废弃物产生、提高重复及循环使用率，如禁止销售1 L以下的瓶装水、禁止销售某些一次性餐具，强制要求居民对生活废弃物进行回收和堆肥、要求建筑企业重复和循环使用建筑废弃物。旧金山市仅有一家生活废弃物处理服务商，负责全市的生活废弃物收集、运输、处理等，并协助旧金山市政府制定废弃物管理方案。废弃物处理的专业化及处理技术的提高为实现“无废城市”提供了进一步的保障。

3.1　旧金山市城市废弃物现状

3.1.1　城市概况

旧金山市郡（City and County of San Francisco，以下简称旧金山市）位于

美国加利福尼亚州（以下简称：加州）北部（见图 3.1），是加州唯一市郡合一的行政区，总面积 600 km^2，其中陆地面积 120 km^2，截至 2017 年年底常住人口约 88 万。旧金山市临近世界高新技术产业区硅谷，是全球重要的高新技术研发基地和美国西部最重要的金融中心。2017 年旧金山市的人均生产总值为 8.7 万美元，在美国所有城市中排名第七。

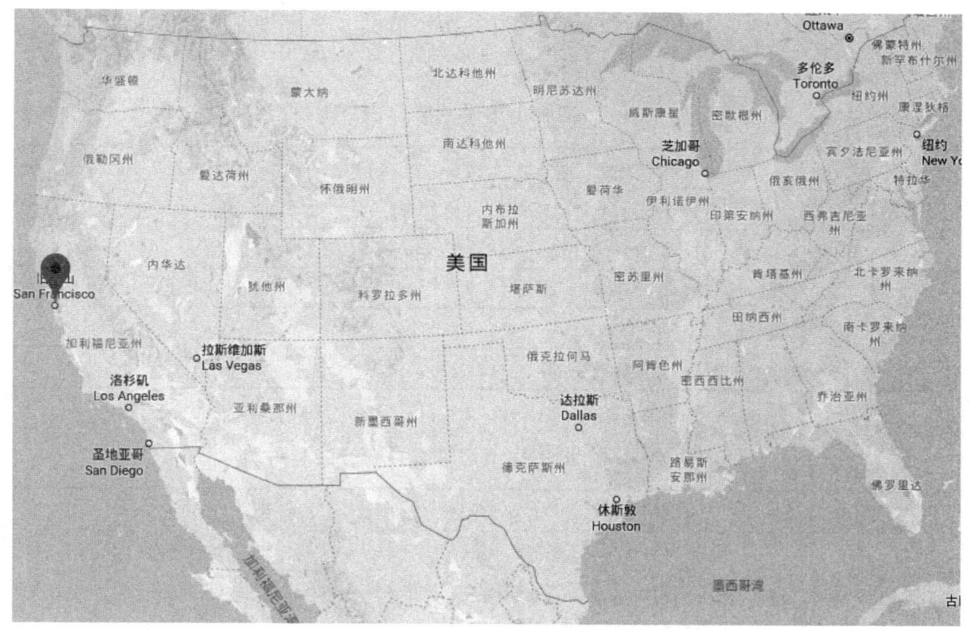

图 3.1　旧金山地理位置

图片来源：谷歌地图。

3.1.2　废弃物分类情况

旧金山市的城市废弃物主要以生活废弃物和建筑废弃物①为主。生活废弃物主要由家庭和商业企业产生，该市主要按最终处理方式将其分为 3 类，分别

① 旧金山市的“无废目标”未明确是否包括建筑废弃物，但由于该市严格管理建筑废弃物，本书亦叙述相关情况。

为可循环利用废弃物、可堆肥废弃物、填埋废弃物[①]。此外，生活废弃物还包括大件物品、有害物质、其他等，具体类型见表 3.1。建筑废弃物指修建和拆除建筑过程中产生的废弃物，不包括生活废弃物中的有害物质。建筑废弃物基本被重复利用或循环使用，少数混合不能分离的被填埋。某种建筑废弃物能否被重复利用并不完全取决于材质，也在于其状态，如能否清洗干净、是否与其他物质混合不能分离，具体情况见表 3.2。

表 3.1 旧金山市生活废弃物分类

可回收		纸张、纸板、金属、玻璃、布料等
可堆肥		厨余、花园修剪物、有机废物、木头、可降解容器等
填埋		尿不湿、混合物、一次性剃刀、摔碎的陶瓷及玻璃等
其他	大件	沙发、电视、显示器等
	有害物质	电池、药物等
	其他	衣物、电子产品、家具等

表 3.2 旧金山市建筑废弃物分类

可重复利用	金属、木材、干墙、纸板、混凝土等（需为干净的）
可循环利用	金属、木材、干墙、纸板、混凝土（未能完全清洗的）、沥青、砖、岩石、土壤、石膏墙板、屋顶材料、瓷砖、地毯、固定装置、塑料管道、树桩等
填埋	各类废弃物混合在一起且不能分离

3.1.3 “无废目标”的背景及细节

旧金山市在 2000 年实现了加州规定的 50%废弃物填埋率，希望进一步减少废弃物填埋量，于是设定到 2010 年填埋率减少到 25%的目标。该市在 2003 年以决议（resolution）形式明确了实现无废弃物填埋目标的时间为 2020 年，并

① 旧金山市对可循环利用和可堆肥的废弃物称为“材料”，仅对用于填埋处理的废弃物称为废弃物。为了表述方便并与其他案例保持一致，本书将这三类均称为废弃物。

要求旧金山市环境局门制定针对消费者和生产企业的政策以实现该目标。旧金山市的无废目标是指遵循废弃物处理的等级和原则，即按照防止废弃物产生、减少废弃物量、对废弃物循环利用及生物处理（主要指堆肥），使得最终没有废弃物被填埋。

根据旧金山市政府公布的数据，该市在 2012 年的废弃物填埋率降到了20%，而同年美国平均的填埋率为 66%。该市因其有效的废弃物管理于 2011 年被经济学人智库评为北美最环保（Greenest）城市。此外，旧金山市在 2018 年8 月和全球 23 个城市一道发布了“无废宣言”（Zero Waste Declaration）（全文附后），明确到 2030 年人均城市废弃物产生量比 2015 年减少 15%；到 2030 年城市废弃物填埋和焚烧量比 2015 年减少 50%。旧金山市在 2018 年 9 月发布了城市范围的“无废承诺”（Zero Waste Commitments），重申了“无废宣言”中的两个目标。

3.2 实现“无废城市”的管理分工

3.2.1 生活废弃物的管理分工

（1）政府部门：旧金山市环境局（Department of Environment）是该市的生活废弃物主管部门，负责制定无废相关政策、生活废弃物回收处理方案，以及为公众提供生活废弃物相关的指导材料及培训等。旧金山市公共工程部（Department of Public Works）和旧金山市公共卫生部（Department of Public Health）也参与生活废弃物管理。公共工程部协助制定家庭和商业企业的垃圾收费标准，包括举行听证会、调整费用等。公共工程部和公共卫生部负责执行部分生活废弃物管理相关的法律。

（2）生产企业：生产企业责任制指生产企业对其产品的全周期负责，设计并生产对环境影响小的产品，以及在产品生命周期结束时对其回收处理。旧金山市政府遵循生产者责任制，对不同行业制定了相应政策，比如禁止食品销售商使用由聚苯乙烯泡沫制成的包装材料和其他不可回收的包装材料，以激励生产企业在设计及生产该类产品时降低毒性并满足要求。但旧金山市并未立法明确要求所有的生产企业回收处理其产品。旧金山市认为该市消费的产品实际来自加州和美国其他地方，生产者责任制需在更高层面施行才有意义，于是该市通过决议（resolution）等方式推动其所在的加州立法要求生产企业对产品的全生命周期负责，并督促国家层面制定政策框架。旧金山市环境局也与部分生产者合作执行扩展的生产者责任制，以促进生产企业回收和处理相关产品。

（3）家庭及商业企业：实现“无废城市”首先来自防止废弃物产生，旧金山市鼓励消费者承担责任，即鼓励家庭及商业企业尽量重复使用物品、购买可再生成分的材料、并对生活废弃物进行回收利用。与此同时，家庭和商业企业需根据要求分类投放生活废弃物，并定期缴纳垃圾费。

（4）废弃物运输处理商：旧金山市早在 1932 年颁布的《废弃物收集和处置条例》中便明确了该市的废弃物收集处理由政府监管、企业承担，承担废弃物处理的企业需持有政府颁发的许可证。目前绿源再生（Recology）公司是旧金山市唯一一家获得许可的生活废弃物处理商，负责在全市投放垃圾箱和收集、运输、处理生活废弃物的具体事务。此外，绿源再生公司协助旧金山环境局、公共工程部制订该市的废弃物回收方案，以及商讨是否引进或使用更先进的废弃物处理技术等。

3.2.2 建筑废弃物的管理分工

（1）政府部门：旧制定了建筑业《修建和拆除条例》等建筑废弃物相关的政策，明确了修建和拆除建筑过程中产生的废弃物需被重复使用或循环利用，任何建筑废弃物不能被当作生活废弃物丢弃，也不可以采用直接填埋的方式处理。整栋拆除的建筑还需获得旧金山的建筑监测部（Department of Building Inspection）的批准。

（2）建筑企业：建筑企业需依法在施工现场尽可能地将建筑废弃物进行分类，尤其是金属、木材、干墙、纸板、混凝土等，以便于后续的重复使用。若建筑企业将建筑废弃物当生活废弃物丢弃或直接填埋，将受到严厉的民事或刑事处罚，如罚款和暂停登记。建筑企业可雇用废弃物运输商将建筑废弃物运输至对应的处理站点，或者自行将已经分类的废弃物运输至对应的处理站点。

（3）废弃物运输及处理商：建筑废弃物的运输商、运输车辆以及处理站点均需在政府登记注册。运输商对不同类的建筑废弃物以及因无法分类而混合的建筑废弃物运输至对应的处理站点。分类的建筑废弃物在处理后多回收利用，混合的建筑废弃物部分被填埋。相较于生活废弃物仅有绿源再生公司一家处理商，建筑废弃物处理商较多，共有 13 家，建筑企业可在旧金山市环境局网站查询已经注册的建筑废弃物运输商及处理站点等信息，并可预约服务。建筑企业也可自行运输建筑废弃物，无须在政府登记注册。

3.3 实现无废城市的法律法规

旧金山市制定了多种法律法规，以减少废弃物量、增加废弃物回收利用，从而实现无废目标。相关法律法规主要包括禁令、强制要求、征收费用 3 类，具体如下：

（1）相关禁令。旧金山市是美国第一座通过严格的立法限制和规定相关物品使用的城市。旧金山市 2006 年出台的《减少餐饮业废弃物条例》禁止在食品服务中使用聚苯乙烯泡沫塑料。该市 2014 年出台的《瓶装水条例》禁止销售容量小于 21 盎司的塑料瓶装水；2016 年修改该条例，禁止销售的范围扩大至容量小于 1 L 的瓶装水，瓶的材质由塑料扩大到纸类、玻璃等。2018 年出台的《减少一次性餐具、有毒物质和废弃物条例》禁止销售和使用以氟化物及其他某些塑料制品制成的一次性餐具，并要求餐厅只能应要求或在自助站提供一次性餐具；该条例同时要求城市开展的公共活动只能使用可重复使用的水杯等。

（2）强制要求。旧金山市 2006 年出台的《建筑循环利用材料条例》要求修建公共建筑需使用经过处理可以循环利用的建筑废弃物；2007 年出台的《减少塑料袋条例》要求超市及药店使用可降解堆肥的塑料袋、可重复利用的纸袋；2009 年颁布的《强制回收和堆肥条例》是旧金山市实现无废城市最重要的条例之一，要求旧金山市的家庭和商业企业分类投放生活废弃物。

（3）征收费用。旧金山市 2009 年颁布了《减少香烟废弃物条例》，对旧金山市销售的香烟每包收取 0.4 美元的费用，以弥补在城市街道等公共场所清理香烟废弃物的支出；2012 年修正了《减少塑料袋条例》，要求所有零售店均使用可降解堆肥的塑料袋、可回收或可重复利用的纸袋，并在销售时对每个购物袋收取 10 美分的费用。

3.4 实现无废城市的措施

旧金山市制定了较多的城市废弃物相关的禁令、强制要求、征收费用等，为“无废城市”打下了坚实基础，与此同时，该市还采取了以下措施，助力建设“无废城市”。

3.4.1 设置简单的垃圾箱

为了易于使用，旧金山市采用蓝色、绿色、黑色三色垃圾桶体系（Fantastic Three，见图 3.2）。蓝色垃圾桶针对可回收废弃物，绿色垃圾箱针对可堆肥废弃物，黑色垃圾桶针对用于填埋的废弃物。为鼓励准确分类，该市于 2017 年将原本体积相同的三色垃圾桶改为黑色最小、绿色次之、蓝色最大。此外，大件物品（如沙发、电视、显示器）、有害物质（如电池、药物）、其他（如衣物、电子产品、家具）等不能投放至这三类垃圾桶，需投放至专门的回收站点或是预约绿源再生公司上门回收。

黑色　　　绿色　　　蓝色

图 3.2　旧金山市三色垃圾桶

3.4.2　强制要求生活废弃物分类并严格执行

所有家庭和商业企业的住宅所有者需向绿源再生公司申请并配置该公司的三色垃圾桶，若住宅所有者不为住户配备垃圾桶将受到政府罚款。《强制回收和堆肥条例》要求家庭和商业企业对生活废弃物进行分类投放，对于可堆肥废弃物，家庭和商业企业可以向绿源再生公司免费索取室内堆肥的箱子进行堆肥，也可选择直接投放至绿色垃圾桶。旧金山环境局负责检查全市住宅旁的垃圾桶，对生活废弃物分类投放不正确的垃圾桶贴上标签、告知正确的投放方式，并将于下一周返回检查以确保错误得以纠正，同时访问居民回答生活废弃物回收的相关问题。

3.4.3　开展广泛的活动并提供充足的信息

负责计划和实施生活废弃物相关的公共活动，为家庭和商业企业提供广泛的、多语言的、门到门的生活废弃物管理培训。同时，旧金山环境局为公众提供了充足的信息，其启动了名为“何处循环”（Recycle Where）的废弃物回收数据库，供查询废弃物管理的所有信息，查询不适于投放至三色垃圾桶的其他生活废弃物的投放站点。“标记制作”（Signmaker）是在线制作废弃物处理标志的网页，公众可根据实际情况选择废弃物标志并制定生成 PDF 使用。“旧金山循环”（SFRecycles）网页提供全面的废弃物分类及处理信息，方便直观地了解废弃物分类及处理信息。

3.4.4 制定完善的废弃物收集体系

城市废弃物收集是市政工作的一部分，旧金山市政府根据自身情况选择与有资质的绿源再生公司合作，对其进行监督并一起制定“无废”方案。绿源再生公司根据户主需求将三色垃圾桶放至固定地点，并负责后续收集与运输。该公司采用两箱式垃圾车同时收集可回收和可填埋废弃物并分开装车（见图 3.3），采用单箱式垃圾车收集可堆肥的废弃物。

图 3.3 旧金山市两箱式生活废弃物运输车

3.4.5 具有设备、技术先进的废弃物处理龙头企业

如前所述，旧金山市早在 1932 年颁布的《废弃物收集和处置条例》中便明确了该市的废弃物收集处理由政府监管、企业承担，承担废弃物处理的企业需持有政府颁发的许可证。目前绿源再生公司是旧金山市唯一一家获得许可的生活废弃物处理商，该公司已经经营了上百年，具有先进的废弃物处理技术和设备，包括生物处理、循环利用、无害化填埋等，并且具有出售处理后的废弃物

的渠道。可回收废弃物的处理成本较高，但处理后可被出售到相关市场获取收益；可堆肥废弃物的处理成本也较高，但经处理加工后能生成营养丰富的肥料，出售给当地农场获取收益；填埋废弃物量相对较少，处理成本较低，但也没有后续收益，填埋厂按重量对填埋废弃物收费。

3.4.6 采用合理的激励措施

旧金山的无废计划需要的费用仅由家庭和商业企业缴纳的垃圾费弥补，这包括生活废弃物收集及处理（含有害物质等收集和处理）、宣传材料，以及环境局和公共工程部的计划和活动。旧金山市政府不另外划拨财政资金。不同的垃圾桶容量对应不同的基本垃圾费，以通用配置 64 加仑（约合 242 L）蓝色垃圾桶、32 加仑（121 L）绿色垃圾桶、16 加仑（160.48 L）黑色垃圾桶为例，每户家庭每月的基本垃圾费为 40 美元。家庭及商业企业每月收到详细的垃圾费用单，如果能较好地将生活废弃物分类，将获得相应奖励如垃圾费降低；如果不能做好分类，将受到警告或者罚款。

附：

无废宣言

全球各地的城市为实现《巴黎协定》制订富有雄心的计划。未来的可持续、繁荣、宜居城市最终将是无废弃物的城市。

废弃物管理是城市政府提供的主要服务之一，也是市长行使权力的重要方面。全球各大城市的市长都认识到，对废弃物采取大胆的行动是使我们的城市变得更加干净、健康，更具韧性和包容性的关键。

全球废弃物的增长速度超过其他任何类别的环境污染物，因此，相较于对其他环境污染物采取行动，对废弃物采取行动将更加有助于减少温室气体排放。根据国际固体废弃物协会估计，如果对废弃物采取合理的管理，全球的温室气体排放量将减少 10% ~ 15%。

食物浪费是一个关键问题。目前，人类消费的食物有1/3被丢失或浪费，每年达13亿t。当食物在垃圾填埋厂腐烂时将产生甲烷，甲烷产生的温室效应是二氧化碳的87倍。食物残渣需进行分离并处理，可通过堆肥产生供植物使用的物质，可通过厌氧消化等直接产生沼气回收能量。

对于其他类型的废弃物，重复使用和循环利用不仅可以减少焚烧和填埋的垃圾量，还可为社会企业和弱势社区创造就业机会和经济机会。

全球多数城市在逐步接受循环经济的概念，这不仅减少填埋和焚烧处理的垃圾量，还将有助于经济活动和资源消耗脱钩。循环经济举措可以保护自然资源，使人类呼吸到干净的空气和饮用干净的水，也将使城市更加高效、繁荣、具有竞争力。

为了实现雄心勃勃的气候目标，到2030年我们必须改变废弃物管理体系，以实现气候安全。作为全球重要城市的市长，我们正在采取雄心勃勃、可衡量和包容的行动，以减少城市废弃物的产生和改善城市废弃物管理体系，从而加速向无废城市过渡。

我们承诺通过以下方式向“无废城市”发展：

（1）到2030年人均城市废弃物产生量比2015年减少15%；

（2）到2030年城市废弃物填埋和焚烧量比2015年减少50%，到2030年将垃圾填埋和焚烧的转移率提高到70%。

为了实现上述目标，我们承诺实施以下行动：

（1）通过减少生产和供应链的损失，减少食物残渣产生，促进厨余用于饲料生产等方式，减少消费者的食物浪费。

（2）对食物残渣和其他有机物和处理进行源头分离收集，以回收养分和能量，并有助于土壤中的碳储存能力。

（3）支持实施地方和区域政策，例如，扩大生产者责任制和可持续采购，以减少或禁止一次性、不可回收塑料等的使用，并且提高物品的可修复性和可回收性。

（4）减少建筑废弃物的产生，并加强其回收、重复利用和循环利用。

（5）确保所有社区了解废弃物减少、重复利用的政策，在城市层面加强多语种的宣传和能力建设，以提高社区居民意识。

（6）每两年公开报告城市在实现这些目标方面取得的进展。

参考文献

[1] City and County of San Francisco. 1932. Refuse Collection and Disposal Ordinance.

[2] City and County of San Francisco. 2006. Food Service Reduction Ordinance.

[3] City and County of San Francisco. 2009. Cigarette Litter Abatement Fee Ordinance.

[4] City and County of San Francisco. 2009. Producer Responsibility Resolution.

[5] City and County of San Francisco. Office of the Mayor. 2011. San Francisco Named "Greenest" City in North America.

[6] City and County of San Francisco. 2018. Environment Code - Single-Use Food Ware Plastics. Toxics. and Litter Reduction（amendment）.

[7] City and County of San Francisco. 2018. Plastic Bags Reduction Code（amendment）.

[8] Recology. San Francisco 2018 refuse rates. https：//www.recology.com/recology-san-francisco/san-francisco-service-updates/#/info.

[9] San Francisco Department of the Environment. 2003. Resolution Setting Zero Waste Date.

[10] San Francisco Department of the Environment. 2006. Construction and Demolition Ordinance.

[11] San Francisco Department of the Environment. 2006. Construction and Demolition Debris Recovery Program.

[12] San Francisco Department of the Environment. 2009. Mandatory Recycling and Composting Ordinance.

[13] San Francisco Department of the Environment. Household Hazardous Waste Disposal. https：//sfenvironment.org/safe-disposal.

[14] San Francisco Department of the Environment. Recycle guidance webpage.https：//sfrecycles.org/.

[15] C40 Cities. Zero Waste Declaration. https：//www.c40.org/other/zero-waste-declaration.

4　阿联酋马斯达尔城

摘　要：阿联酋马斯达尔城是一座政府规划的新城，计划成为全球第一座完全依靠可再生能源，并达到“零碳排放”和“无废目标”的城市。马斯达尔城由国有企业阿布扎比未来能源公司和穆巴达拉开发公司规划和管理，预计将在 2025 年完全建成。该城已经部分完工，完工区域已进驻企业、国际机构并入住居民。整体来看，马斯达尔城实现“零碳排放”存在一定难度，但在建设及实现“无废目标”上可圈可点。马斯达尔城的“无废目标”指没有废弃物填埋。其实现“无废目标”在于其合理的废弃物管理体系，更在于城市管理者将可持续理念融入城市设计的各个环节，从源头上减少了废弃物产生，如依靠光伏发电避免了燃煤电厂发电过程中产生的废弃物，建造地基时不使用沥青、聚苯乙烯等不可循环使用的材料，建造自动单舱快车的站台时使用规模相当的预制板而不使用水泥以避免产生废弃物等。马斯达尔城对建筑废弃物严格管理，该城在建设初期便建立了材料循环利用中心，要求建筑承包商必须将建筑废弃物送至该中心回收处理，使得该城在建设过程中建筑废弃物的重复及循环使用率超过 80%。在废弃物运输方面，马斯达尔城摒弃了常规的垃圾车运输废弃物的方式，而是建立了地下运输系统，这大大促进了废弃物的高效运输。马斯达尔城对生活废弃物分类回收处理，但目前阶段由于生活废弃物量较小，除了部分被回收循环利用，90%的生活废弃物被填埋处理，尚未采用生物处理及焚烧等方式。由于阿联酋具有废弃物填埋的传统，马斯达尔城的管理者正在建立垃圾焚烧厂，这也是阿联酋的第一座垃圾焚烧厂，以减少马斯达尔城以及整个阿联酋的垃圾填埋率，最终实现该城市的“无废目标”。

4.1 马斯达尔城市概况

马斯达尔城（Masdar City）是一座由政府规划建设的新城，距离阿拉伯联合酋长国（以下简称阿联酋）首都阿布扎比 16 km 左右（见图 4.1），规划面积为 6 km^2。该城的建立是基于阿布扎比 2030 年经济愿景，即为阿布扎比寻找新的经济增长点以及建立知识型经济部门。马斯达尔城的设计和建设秉持了可持续的原则，在宏观规划、城市交通、建筑物修建、能源及废弃物管理中均体现出这一点。该城的目标是成为全球第一座完全依靠可再生能源，并实现“零碳排放”和“无废弃物”的城市。

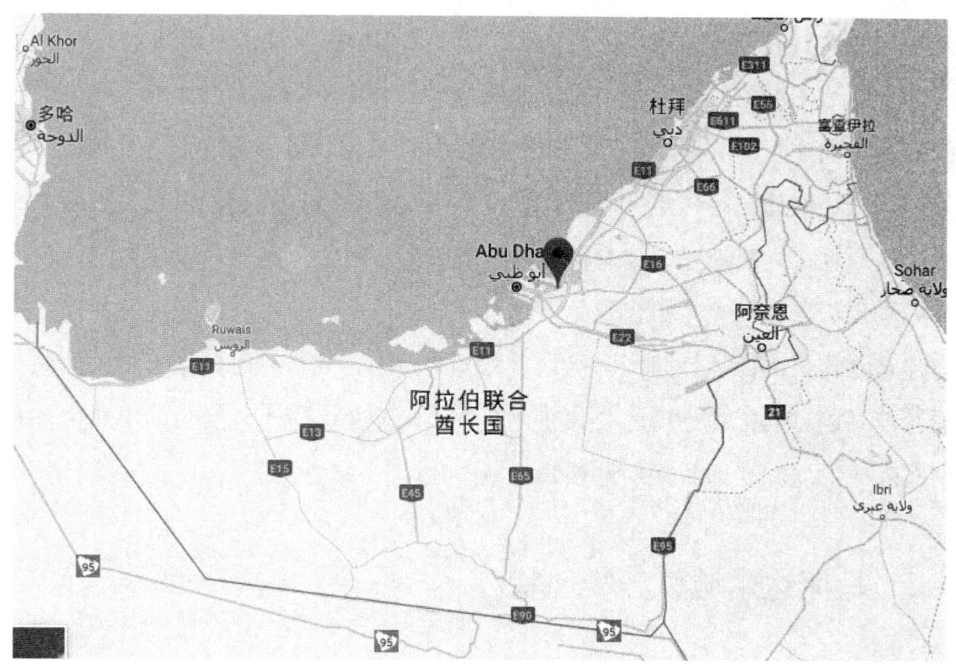

图 4.1　马斯达尔城地理位置

图片来源：谷歌地图。

“马斯达尔”在阿拉伯语中是“源泉、来源”的意思。马斯达尔城于 2008 年动工，原计划在 2015 年完工，但由于金融危机等原因，延期已计划 2025—2030 年完工，城市建设总投资由 220 亿美元缩减 198 亿美元。马斯达尔城向美国加利福尼亚州的硅谷看齐，预计成为以清洁技术和可再生能源企业、机构的国际中心。

马斯达尔城的建设分 7 个阶段，包括建设马斯达尔科学技术研究所、马斯达尔中心区、酒店和会议中心、零售区、创新中心、办公区域、住宅单元及研发设施等。预计 2030 年马斯达尔城将入驻企业 1 500 家、居民 40 000 人。目前部分区域已完工，已经有 450 家企业及机构入驻，包括通用电气、西门子、三菱重工、国际可再生能源署、马斯达尔科技学院等。马斯达尔城目前由 10 MW 的太阳能光伏电站供电。随着城市建设，马斯达尔城预计将引入外地的可再生能源电力，并且安装太阳能电池板（共计 1 MW）用于提供生活热水。

马斯达尔城的总设计师为英国建筑师诺曼福斯特勋爵，设计灵感取自于传统的阿拉伯建筑，整座城市面向东北和西南方向，以减少太阳光直射并利用夜间凉风。该城通过将住宅区、工作区及休闲娱乐区合理规划，以最大限度地减少交通通勤；同时通过修建有树荫的街道、人行道、小路等，以减少空调使用并鼓励步行。该城大多数建筑是不超过五层的低层建筑，以降低能源消耗；所有建筑物均采用低能耗照明并优化自然光的使用，同样以达到最大限度地减少能源消耗的目的。城市内的公共交通为电动公交车、汽车以及自动单舱快车和阿布扎比的城际交通将采用地铁和轻轨。

4.2 马斯达尔城废弃物现状

马斯达尔城的完工区域有企业、商业、居民等入驻，主要产生生活废弃物；部分区域仍处于在建设的状态，主要产生建筑废弃物。

马斯达尔城预计每年将产生 22 000 t 生活废弃物，其中 50%将被填埋处理。目前，由于马斯达尔城入驻的人有限，产生的生活废弃物较少。该城年生活废弃物（2015 年 10 月—2016 年 9 月）为 832 t，每月产生的生活废弃物，如图 4.2 所示。

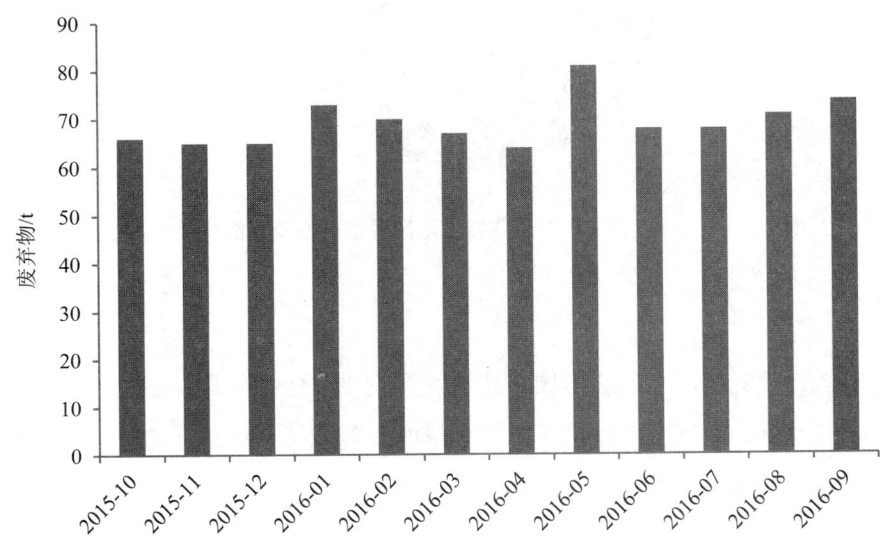

图 4.2　2015 年 10 月—2016 年 9 月马斯达尔城生活废弃物

数据来源：《马斯达尔城 2016 年可持续发展报告》。

马斯达尔城的生活废弃物类型分为一般及有机废弃物、纸质、塑料、金属、玻璃废弃物，其中一般及有机废弃物最多，占比 89.4%，其次为纸质废弃物，占比约 9%，塑料、金属、玻璃废弃物等总占比低于 2%。各类的具体占比如图 4.3 所示。

从废弃物处理的角度，马斯达尔城的纸质、塑料、金属、玻璃废弃物被回收循环利用，一般及有机废弃物被用于填埋。这意味着在本统计期（2015 年 10 月—2016 年 9 月），该市 90%的生活废弃物被填埋处理。

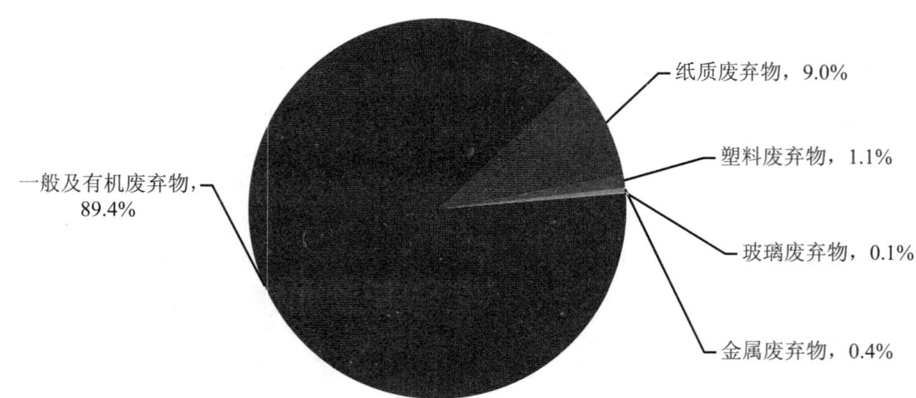

图 4.3　马斯达尔城生活废弃物类型及比例

数据来源：《马斯达尔城 2016 年可持续发展报告》。

根据公开资料，马斯达尔城的建筑废弃物主要包括木质、金属、塑料、石膏板、玻璃板、混凝土面板等。由于大量的重复或循环利用，建筑废弃物的填埋率为 14%。建筑废弃物的具体数据未公布。

4.3　实现无废城市的管理分工

马斯达尔城的废弃物的利益相关方主要包括主管部门、工程承包商及材料供应商、家庭和商业企业、废弃物运输商、材料循环利用中心等。

4.3.1　主管部门

马斯达尔城是由阿布扎比未来能源公司和穆巴达拉开发公司（Mubadala Development Company）共同建设，废弃物管理也由这两家公司承担。穆巴达拉开发公司由阿布扎比政府拥有，阿布扎比未来能源公司是穆巴达拉开发公司的全资控股子公司。

4.3.2 建筑工程承包商及材料供应商

马斯达尔城部分区域仍在建设过程中，需要大量的建筑材料、工程承包服务等。根据主管部门要求，所有材料供应商和工程承包商需先注册，承诺并遵守国家及地方的可持续采购规范，其中包括废弃物的循环利用、运输及处理废弃物的细节要求。

4.3.3 家庭和商业企业

家庭和商业企业是生活废弃物的主要产生者，需按要求分类投放废弃物。

4.3.4 废弃物运输商

马斯达尔城摒弃了常规的垃圾运输车，修建了低能耗的地下平板货运系统（Freight Rapid Transit，见图4.4）用于运输废弃物。

图4.4 马斯达尔城废弃物运输系统

4.3.5 材料循环利用中心

材料循环利用中心（Material Recycling Centre，MRC）位于马斯达尔城，负责将建筑废弃物按水泥、木头、金属、其他等类别分类，以便于分类后的建筑废弃物可被重复使用或循环使用；同时负责生活废弃物的分类及处理。

4.4 实现“无废城市”的措施

马斯达尔城作为一座平地而起的新城，建设“无废城市”首先来自于城市开发者的愿景、设计与落实。此外，相较其他城市，马斯达尔城不只需要建立一套废弃物管理体系，还需修建废弃物基础设施，并在目前阶段亟须处理大量的建筑废弃物。马斯达尔城实现“无废目标”的具体措施如下：

（1）避免及减少废弃物产生。作为一座新城，马斯达尔城在建设过程中尽量避免建设废弃物产生，主要包括三种情形：第一种如使用光伏发电而非燃煤发电，于是避免了燃煤电厂发电过程中产生的废弃物；第二种如在建造光伏电站的地基时采用了含磨碎的高炉矿渣的低碳水泥，而不是使用沥青、聚苯乙烯等不可循环使用的材料，从而减少了后续可能产生的废弃物；第三种如在建造自动单舱快车站台时使用规模大小和快车相当的预制板、在建造浴室时使用模块化的房屋组件，而非使用水泥等材料，从而避免了建造过程中可能产生的废弃物。

（2）严格分类建筑废弃物。马斯达尔城的工程承包商需在政府注册，并将修建房屋、建筑等产生的废弃物运至材料循环利用中心，该中心将对建筑废弃物进行分类及处理，以供其他工程承包商重复或循环利用。在所有建筑废弃物中，木质废弃物可重复使用，或经碎木机处理后循环利用；金属和塑料废弃物将被送至位于阿布拉比的专门处理厂；水泥废弃物将被碾碎以供修建房屋再次使用；损坏的石膏板、玻璃板、混凝土面板将被评估可否循环使用，对于不能被循环利用的建筑废弃物将被送至填埋厂最终处理。

（3）重复及循环利用材料。如上文（2）所述，马斯达尔城的循环材料利用中心对建筑废弃物进行处理，工程承包商可在该中心直接购买相关材料以重复或循环利用，有助于降低运输成本。根据官方公布的数据，该城修建过程中金属材料铝的重复利用率达 90%，所有建筑废弃物的重复及循环利用率达到

90%。

（4）分类回收利用生活废弃物。马斯达尔城分类回收生活废弃物，垃圾箱的不同溜槽对应不同废弃物，主要包括玻璃、铝制品、塑料、纸质等。不同类型的生活废弃物分类回收后将获得相应处理，未分类的废弃物将用于填埋。垃圾焚烧厂建好后，部分将用于焚烧。

（5）修建垃圾焚烧厂。阿布扎比未来能源公司于 2017 年与沙迦的 Bee'ah 公司签约成立了合资公司，负责在沙迦（距马斯达尔城 140 km）修建垃圾焚烧发电厂。这是阿联酋首个垃圾焚烧发电厂，获得了阿布扎比发展基金（该国从事发展援助的国家实体）、阿布扎比商业银行、西门子金融服务、三井住友银行和渣打银行总计 1.62 亿美元的贷款。竣工后的年处理量为 30 万 t，以减少马斯达尔城以及整个阿联酋的废弃物填埋，预计将减少填埋率至 25%。

参考文献

[1] Abu Dhabi Future Energy Company. Masdar City Master plan.

[2] Abu Dhabi Future Energy Company. Masdar City 2015 Sustainability report.

[3] Abu Dhabi Future Energy Company. Masdar City 2016 Sustainability report.

[4] Abu Dhabi Future Energy Company. 2018. UAE's first waste-to-energy project receives landmark award for first-of-its-kind financing loan. https：//masdar.ae/en/news-and-events/news/2018/11/21/07/27/uaes-first-waste-to-energy-project-receives-landmark-award-for-first-of-its-kind-financing-loan.

[5] Masdar City Free Zone. Exploring Masdar City. http：//www.masdarcityfreezone.com/masdar261/static/pdf/explore_masdar.pdf.

[6] Design Build. Masdar City，Abu Dhabi. https：//www.designbuild-network.com/projects/masdar-city/.

[7] Gulf News UAE. 2011. Masdar City：Nothing to be wasted under zero-carbon plan. https：//gulfnews.com/uae/environment/masdar-city-nothing-to-be-wasted-under-zero-carbon-plan-1.920209.

5 斯洛文尼亚卢布尔雅那市

摘　要：卢布尔雅那市是斯洛文尼亚首都，在2014年提出实现“无废目标”，是第一个提出实现该目标的欧盟成员国首都。2016年，卢布尔雅那市获得欧盟授予的“欧洲绿色首都”称号。在2004年斯洛文尼亚加入欧盟之前，全国包括卢布尔雅那市的废弃物管理体系较弱，废弃物以填埋为主。加入欧盟之后，斯洛文尼亚需遵循欧盟颁布的废弃物法律法规，卢布尔雅那市亦开始实施垃圾分类，通过对公众宣传教育，并采用上门回收的方式，使垃圾分类投放与收集逐步走向正轨。与此同时，该市大力宣传防止和减少废弃物产生，并在2013年成立了该市第一个废弃物重复使用中心。卢布尔雅那市不断完善基础设施建设，特别是在2015年在其区域废弃物处理中心新建了生物处理厂，加强对废弃物的生物处理从而减少填埋。值得一提的是，由于该市的废弃物循环利用率较高，因此在2012年彻底放弃了修建垃圾焚烧厂的计划。整体来看，卢布尔雅那市的废弃物管理体系相对简单，主要是政府制定政策及目标，废弃物服务商Snaga公司负责废弃物收集、运输、处理，居民分类投放废弃物，媒体、教育机构、非政府组织开展宣传活动。其中，Snaga公司发挥了巨大的作用。卢布尔雅那市在实现“无废目标”过程中的最大启示是，一个以废弃物填埋为主的城市通过从垃圾分类开始，不断完善废弃物管理体系、修建必要的基础设施、持续进行公众宣传调动全民减少废弃物和重复循环使用旧物的热情，可以在10多年便成为循环利用的楷模，最终放弃垃圾焚烧策略并制定“无废目标”。与此同时，该市通过推广循环经济、制定“可持续城市”目标等和实现“无废目标”产生协同作用，促进该市进一步增加废弃物的回收循环利用率，成为真正的“无废城市”。

5.1 卢布尔雅那市废弃物现状

5.1.1 城市概况

卢布尔雅那市（City of Ljubljana）位于斯洛文尼亚中部（见图 5.1），是斯洛文尼亚首都及全国最大的城市。自 1991 年斯洛文尼亚独立以来，卢布尔雅那市就是其政治、经济、文化、教育和行政中心。卢布尔雅那面积 275 km^2，2018 年年底人口约 29 万。

图 5.1　卢布尔雅那市地理位置

图片来源：谷歌地图。

卢布尔雅那市以工业为主，主要包括制药、石化和食品加工业，同时具有较为发达的银行、金融、运输、建筑、服务及旅游业。该市由卢布尔雅那市政府管理、市议会领导，市议会主席即为市长。该市分为17个区，每个区由区议会代表。区议会和市议会合作管理相关区域。

5.1.2 城市废弃物分类、总量及处理情况

斯洛文尼亚于2004年正式加入欧盟，成为欧盟成员国。在此之前，斯洛文尼亚的城市废弃物处理以填埋为主，基本不进行任何回收处理；加入欧盟后，由于需遵循欧盟委员会颁布的废弃物相关法律、法规，于是制定了新的废弃物管理体系，对废弃物加以回收利用。

本书中的大多数案例城市对城市废弃物先按大类分，如生活废弃物、工业废弃物、建筑废弃物等，再逐步细分，但卢布尔雅那市直接对城市废弃物进行细分，分为包装类、纸类、玻璃类、生物类（厨余、花园垃圾）、剩余类（residual）、大件类、有害类、废旧电子电器类、特殊类共九类见表5.1。建筑废弃物属于特殊类。前五类投放至对应颜色的垃圾桶或的垃圾桶盖为对应颜色的垃圾桶，分别为黄色、蓝色、绿色、棕色、黑色。其他则需单独处理，如大件废弃物需预约上门收集、废旧电器需携带至销售点或废弃物收集中心等。

表5.1 城市废弃物分类

序号	类别	具体类别	垃圾桶或桶盖颜色
1	包装类	塑料食品和饮料瓶，塑料洗涤剂和清洁剂瓶，塑料袋和杯子，塑料洗发水、牙膏和液体肥皂包装，食品罐和饮料罐，空牛奶盒、果汁盒等纸盒包装，CD和DVD包，包装产品的塑料和铝箔，发泡胶包装	黄色
2	纸类	报纸、杂志、书籍、笔记本、传单、信封、纸质购物袋、纸箱和纸板包装	蓝色
3	玻璃类	食物和饮料玻璃瓶，药品和化妆品的玻璃包装，腌制食品罐，其他玻璃包装	绿色

序号	类别	具体类别	垃圾桶或桶盖颜色
4	生物类	分为厨余和花园垃圾两类，厨余包括各类蔬菜和水果残余、蛋壳、咖啡渣和过滤袋、煮熟的食物残渣和腐烂的水果、纸巾和纸袋；花园垃圾包括草、树叶、老花盆土、小型食用植物的动物、木灰等	棕色
5	剩余类	尿布，猫砂，冷却的灰烬，真空吸尘器袋，纺织、皮革和缝纫废料，录音带、电影和照片，软木和橡胶，陶瓷、瓷器和灯泡，汽车玻璃	黑色
6	大件类	浴室配件，家具，地毯，带衬垫的家具和床垫，灯具和灯罩	—
7	废旧电子电气设备类	大小家用电器，电视和电脑屏幕，IT 和电信设备，电动和电子工具，照明设备，手表和计时器	—
8	有害类	旧车电池，电池，颜色和溶剂，化学品，油和油脂，农药，含有有害物质的洗涤剂和化妆品，药用产品，霓虹灯管，所有标有危险物质及其包装符号的物品	—
9	特殊类	建筑废弃物、汽车轮胎、汽车、石棉类	—

卢布尔雅那市的城市废弃物处理方式包括回收及循环利用、生物处理、填埋 3 种。该市不对废弃物进行焚烧处理，填埋被认为是废弃物的最终处理方式，该市力图减小填埋量。根据卢布尔雅那市的城市废弃物相关规定，表 5.1 中的前四类属于直接回收循环利用类，前五类的比例称为分类收集比例。卢布尔雅那市鼓励居民减少产生废弃物，并且提高分类收集比例以增加循环利用率减少填埋。值得注意的是，对于第五类即剩余类废弃物，虽然居民无法将其进一步分离，但区域废弃物处理中心会通过生物处理等方式进行回收利用，对完全不能回收利用的再进行填埋。

卢布尔雅那市 2014 年的城市废弃物总量为 9.84 万 t，人均年城市废弃物量 320 kg。包装类、纸类和玻璃类废弃物共 2.90 万 t，占总量的 29.4%，其中包装类废弃物 1.22 万 t，纸类废弃物 1.18 万 t，玻璃类废弃物 4 940 t。生物类废弃物 2.24 万 t，占总量的 23%。其他类别废弃物共 4.70 万 t。各类废弃物占比见图 5.2。

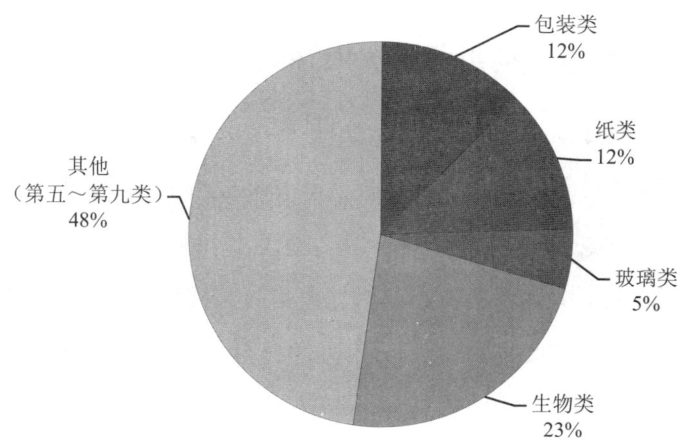

图 5.2　2014 年卢布尔雅那市废弃物占比

数据来源：欧盟委员会《2015 年卢布尔雅那城市废弃物分类收集评估报告》。

由于不断完善废弃物管理体系，城市废弃物分类收集比例逐渐增加，由 2004 年的 6%上升至 2014 年的 54%，并在 2018 年达到 68%。与此同时，剩余类废弃物不断减少，由 2004 年的人均 307 kg 下降至 2014 年的人均 140 kg。同期，人均量在 2008 年后存在减少趋势（见图 5.3）。

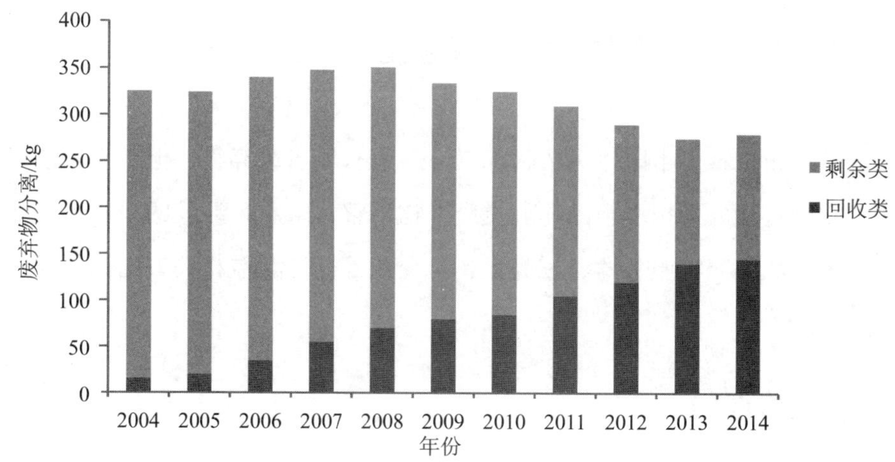

图 5.3　2004—2014 年卢布尔雅那市废弃物分离比例

数据来源：无废欧洲网络《卢布尔雅那市案例》。

5.1.3 “无废城市”提出背景及内容

卢布尔雅那市议会于 2014 年宣布实现“无废目标”，旨在增加循环利用和生物处理的废弃物量、减少废弃物填埋，并且彻底放弃焚烧垃圾的策略。和其他案例城市的“无废目标”有所不同，卢布尔雅那市的“无废”包括四个方面：一是减少人均剩余类废弃物量；二是增加分类收集比例；三是减少废弃物填埋量，四是减少人均城市废弃物量。该市以 2025 年和 2035 年为时间节点制定了量化目标（见表 5.2）。值得一提的是，2016 年卢布尔雅那市因其在此前 10 年实施的一系列城市绿色措施、提高公民环境意识、可持续发展战略愿景等获得欧盟授予的“欧洲绿色首都”称号。

表 5.2 卢布尔雅那市的“无废目标”

时间	分类收集比例/%	人均剩余类废弃物量
2025 年	78	减少至 60 kg
2035 年	80	减少至 50 kg

5.2 实现“无废城市”的管理分工

虽然卢布尔雅那市的“无废目标”针对所有城市废弃物，但其设定的量化目标主要针对投放到垃圾箱的前五类废弃物。整体来看，涉及的主要利益相关方包括政府、废弃物服务商、家庭、建筑企业等。各利益相关方的具体职责及操作如下：

5.2.1 政府部门

卢布尔雅那市议会是城市废弃物的主管单位，负责制定该市的城市废弃物管理战略、目标，修建废弃物处理厂，并和 Snaga 公司一起制订城市废弃物管理措施。

5.2.2 废弃物服务商

卢布尔雅那市的城市废弃物收集、运输、处理基本由 Snaga 公司提供，特殊类、部分废旧电子电器类及有害类废弃物由经斯洛文尼亚环境部批准的专门的服务商处理。Snaga 公司是斯洛文尼亚最大的城市废弃物管理公司，共有 426 名员工，为卢布尔雅那市及其他 9 个城市提供全面综合的废弃物服务。同时，该公司负责投放垃圾箱，主要是住宅区的垃圾箱及街道旁的地下垃圾箱。后者于 2008 年开始建设，主要位于市中心。

5.2.3 废弃物运输处理商

卢布尔雅那市具有 8 个废弃物收集中心、1 个区域废弃物处理中心、1 个重复利用中心，均为政府所有。废弃物收集中心主要用于收集家庭不能投放至垃圾箱的废弃物。区域废弃物处理中心包括填埋厂、生物处理厂等，对废弃物进行分类处理。重复利用中心主要提供低价维修和二手物品售卖服务。

5.2.4 家庭

家庭需将产生的废弃物分类并投放到对应的垃圾箱，对于有害废弃物、建筑废弃物、大件废弃物等不能直接投放到垃圾箱的废弃物，需自行送至废弃物收集中心。对于大件废弃物，家庭也可申请上门回收服务（一年仅一次）；对于有害废弃物、废旧家用电器，家庭也可根据公布的时间表投放至移动回收车（一年两次）。

5.2.5 建筑企业/居民

若是少量的建筑废弃物（砖块、混凝土、陶瓷等），建筑企业/居民可自行运至 Barje 废弃物收集中心。若量较大，则需和经过授权处理此类废弃物的公司签订合同，单独处理。斯洛文尼亚环境部网站上公布了此类废弃物处理公司的名单。

5.3 实现“无废城市”的措施

本书中大多数案例城市在确定“无废目标”前已具有较为完善的废弃物管理体系，但卢布尔雅那市的情况不同，其废弃物管理体系相对较弱。卢布尔雅那市废弃物管理遵从斯洛文尼亚颁布的《废弃物管理规则》《城市废弃物收集及清除条例》等。该市于 2004 年通过《城市废弃物收集和运输条例》，明确了城市废弃物的分类收集；2010 年通过《处理城市混合废弃物及最终处置剩余类废弃物条例》；2012 年通过《收集和运输城市废弃物条例》等，为实现“无废”奠定了法律基础。

通过 10 多年的完善，该市认为具备实现“无废”的基础条件，于 2014 年宣布了量化的“无废目标”，并不断加强废弃物管理、修建废弃物基础设施，向“无废”迈进。卢布尔雅那市主要采取了以下措施：

5.3.1 从垃圾分类开始循序渐进

在 2005 年加入欧盟前，斯洛文尼亚所有城市的垃圾不分类，垃圾最终处理方式主要是填埋。加入欧盟后，该国制定了新的废弃物管理体系，以加强废弃物的回收处理。卢布尔雅那市从垃圾分类开始，新增基础设施，于 2002 年开始在道路旁边放置专门的垃圾箱，分别对应纸张、纸板、玻璃、包装及其他混合废弃物（当时此类用于填埋），以鼓励居民对生活废弃物分类投放。

5.3.2 进行上门（door-to-door）收集废弃物

卢布尔雅那市于 2006 年开始对生物类废弃物（厨余和花园垃圾）进行上门收集，并于 2012 年撤销了道路旁的垃圾箱，对包装类、纸类、剩余类废弃物也进行上门收集。对于多户型和单户型的住宅楼，基本都是每栋住宅楼配备有专门针对包装类、纸类、生物类、剩余类的垃圾桶（见图 5.4）。多户型住宅楼的居民共用这些垃圾桶。上门收集指对每栋住宅楼的垃圾桶进行收集。这大大提高了回收利用率，最终降低了填埋量。上门收集由废弃物服务商 Snaga 公司负责。

图 5.4　卢布尔雅那市住宅楼垃圾箱

5.3.3　试点先行不断优化收集频次

废弃物服务商 Snaga 公司在卢布尔雅那市推开挨家挨户生活废弃物收集之前，先在较小区域试验，明确了其可行性和经济性。与此同时，Snaga 公司通过调整收集频率提高效率。在人口较稀疏的区域，收集频率由初期的每两周一次降为每三周一次。在人口密集的区域，剩余类废弃物每周一次，包装类、纸类、生物类废弃物每周多次。剩余类废弃物的收集频次较其他类别低，有助于居民挑出其他类别，从而更好地进行垃圾分类。

5.3.4　借助媒体提升公众意识

为鼓励居民进行垃圾分类投放，Snaga 公司进行了大量的宣传，但初期效果并不尽如人意。部分居民仍不进行废弃物分类，部分居民反对收集剩余类废弃物的频次较低。Snaga 公司邀请媒体进行报道，发现用于收集剩余类废弃物的垃圾箱内存在大量可循环利用废弃物，而实际的剩余类废弃物量较少。通过在国家和地方媒体反复报道此类事件，呼吁居民加强废弃物分类，提升了公众意识。2013 年的废弃物分类收集比例较 2012 年有明显提高，已达到 55%。

5.3.5 逐步采用可降解的纸袋取代塑料袋

卢布尔雅那市近年来致力于减少塑料袋的使用。市议会和零售商、饭店等合作，不再向消费者提供塑料袋，而只提供纸质或可生物降解的购物袋。参与的零售商和酒店不断增多。与此同时，消费者的纸质或可生物降解的购物袋会被贴上专门的贴纸，用以区别于塑料袋。

5.3.6 提倡防止及减少产生废弃物

随着居民对废弃物分类逐渐步入正轨，防止和减少废弃物产生成为重点工作。卢布尔雅那市鼓励居民减少个人产生的垃圾、重复使用及践行负责任的消费。Snaga 公司于 2013 年通过在线、社交和教育活动提倡防止废弃物产生（包括食物），在该市大力宣传“去习惯重复使用”（Get used to reusing）。该宣传后续由 Snaga 公司和斯洛文尼亚商会合作在国家层面进行推广。2013 年该市发起了一项“一生一世，重复使用”的社会责任倡议，该倡议在 2014 年被斯洛文尼亚广告节授予两项奖项。该市创建了题为“重复使用”的动画网站，以娱乐和有趣的方式促进再利用和回收。

5.3.7 放弃焚烧作为实现“无废”的手段

斯洛文尼亚在加入欧盟初期为各市制定了市级废弃物管理规划，主要是分类回收废弃物、修建废弃物生物处理厂、修建两座大规模的垃圾焚烧厂三部分。由于卢布尔雅那市居民强烈反对垃圾焚烧，该市原计划在 2005 年修建的第一座垃圾焚烧厂并未动工；另一座垃圾焚烧厂原计划在 2012 年动工，但由于当时废弃物分类收集及处理已取得明显成效，并且该市预升级改造其传统的废弃物生物处理厂，以优化处理使得填埋废弃物量减少。该市最终决定不修建焚烧厂，通过回收利用而不是焚烧处理实现“无废目标”。

5.3.8 成立重复使用中心

卢布尔雅那市在 2013 年年底成立了该市第一个重复使用中心（Reuse Center），包括一个小商店、储藏室和维修室，提供低价的物品维修服务，并协助买卖二手物品，以鼓励居民不丢弃旧物并重复使用。与此同时，该中心设有自动售货机，向自带收集装置的消费者出售本地生产的高品质生物洗涤剂、洗发水、醋、油等物品（见图 5.5）。其生物洗涤剂由本地家族企业 Sivček 生产，仅采用有机材料作为原料；洗发水由当地企业 Ilirija 生产，仅采用小麦和蜂蜜提取物，不含对羟基苯甲酸酯、人工色素等；苹果酒和白醋由 Renškihram 生产，采集附近乡村的水果并用自然工艺生产；南瓜籽油由 Banfi 农场生产。

图 5.5 重复使用中心的自动售卖机

5.3.9 完善废弃物处理基础设施并加大生物处理

卢布尔雅那市的区域废弃物处理中心（Regional Waste Management Center）是斯洛文尼亚最大的环境工程，处理全国 2/3 的城市废弃物。该区域中心包括渗滤液处理厂、废弃物回收处理厂，以及已经扩建的垃圾填埋场。渗滤液处理厂自 2011 年开始运营。扩建后的垃圾填埋场自 2009 年开始使用。废弃物回收处理厂包括生物处理厂，已在 2015 年完工并投入运营。生物处理厂对生物类和剩余类废弃物分别处理，剩余类废弃物多是不能直接循环利用的，通过生物处理厂的处理，如加工成为其他类原材料以尽可能回收循环利用，最终无法处理的用于填埋。

5.3.10 推广循环经济

卢布尔雅那市意识到从线性经济向循环经济的转变不仅给生产活动带来变化，也对整个社会和居民心态产生重大影响，并认为通过减少消费原材料，重复使用并遵循共享经济原则，人类和环境将“共赢”。循环经济是卢布尔雅那市 2017 年的城市主题，也是 2017 年 11 月卢布尔雅那主办的“欧洲城市（Eurocities）国际会议”的主题。推广循环经济是该市实现“无废城市”的重要推力。

5.3.11 加入国际网络加强交流合作

卢布尔雅那市于 2014 年加入了“无废欧洲网络”、2016 年加入“循环经济城市网络”。加入此类组织有助于了解废弃物相关的管理及技术前沿领域，以及学习借鉴其他国家废弃物管理的经验教训。卢布尔雅那市和无国界生态学者、无废欧洲网络共同举办研讨会，讨论建设无废城市机遇，也有助于当地社区及企业不断创新，共建“无废城市”。

参考文献

[1] City of Ljubljana. 2014. On our way to zero waste. https：//www.ljubljana.si/en/news/on-our-way-to-zero-waste/.

[2] City of Ljubljana. 2016. Environment in the City of Ljubljana. https：//www.ljubljana.si/assets/Uploads/Environment-in-the-City-of-Ljubljana-2016.pdf.

[3] City of Ljubljana. Towards circular economy.https：//www.ljubljana.si/en/ljubljana -for-you/environmental-protection/towards-circular-economy/.

[4] European Commission. 2014. Ljubljana becomes the first EU capital to adopt Zero Waste Goal. http：//ec.europa.eu/environment/europeangreencapital/ljubljana-zero-waste-goal/.

[5] European Commission. 2015. Assessment of separate collection schemes in the 28 capitals of the EU - Capital factsheet of Ljubljana. https：//www.municipalwasteeurope.eu/sites/default/files/SI%20Ljubljana%20Capital%20factsheet.pdf.

[6] Republic of Slovenia. Ordinance on municipal waste collection and removal. https：//www.uradni-list.si/glasilo-uradni-list-rs/vsebina/108530.

[7] Snaga. Ljubljana Regional Waste Management Centre. http：//www.snaga.si/en/Regional%20Waste%20Management%20Centre.

[8] Snaga. Separating waste. http：//www.snaga.si/en/separating%20waste.

[9] Zero Waste Europe. The story of Ljubljana. https：//zerowasteeurope.eu/downloads/case-study-5-ljubljana-2/.

6　澳大利亚悉尼市

摘　要：悉尼市于 2017 年颁布了《2017—2030 年不废一物（Leave Nothing to Waste）城市废弃物规划及行动方案》，明确到 2030 年城市废弃物（包括生活废弃物、建筑废弃物、商业废弃物等）填埋率低于 10%的目标[①]，并且提出力争实现到 2050 年无城市废弃物用于填埋的目标。悉尼市是澳大利亚无废网络的成员。该市致力于建立一个强大、连接、无障碍、高效的城市废弃物回收和再利用的生态系统。悉尼市为建设“无废城市”主要采取了三类措施：一是科学细致的废弃物分类体系；二是严厉的处罚措施；三是科学的收费标准。与此同时，悉尼市政府制定了严格的法律法规，并且修建了澳大利亚最大最先进的废弃物处理厂，以集中资源化处理城市废弃物。悉尼市每个区都有类似居委会的城市委员会协助废弃物管理，具备完善的在线服务体系；悉尼市议会为垃圾桶安置芯片，统计回收废弃物情况；悉尼市鼓励旧物的二手交易，让二手交易成为变废为宝重要渠道；悉尼市通过开展国际固体废弃物处理及资源回收利用展览会等展示并推广新的废弃物处理设备和技术。

①该目标的原文直译是“将垃圾填埋量转移（divert）90%”，为方便读者理解，本案例在摘要部分对其进行了转述，即“垃圾填埋率低于 10%”。由于悉尼市针对不同利益主体设定了各类量化目标，为保持文章一致性，本案例正文部分采用直译方式，不一一进行转述。

6.1 悉尼市城市废弃物管理历史和现状

6.1.1 城市概况

悉尼市（City of Sydney）位于澳大利亚的东南沿岸（见图 6.1），是澳大利亚新南威尔士州的首府。悉尼市面积约 1 687 km^2，截至 2016 年年底的人口约 503 万，是澳大利亚面积最大和人口最多的城市。该市金融业和旅游业发达，并且多年被联合国人居署评为全球最宜居的城市之一。

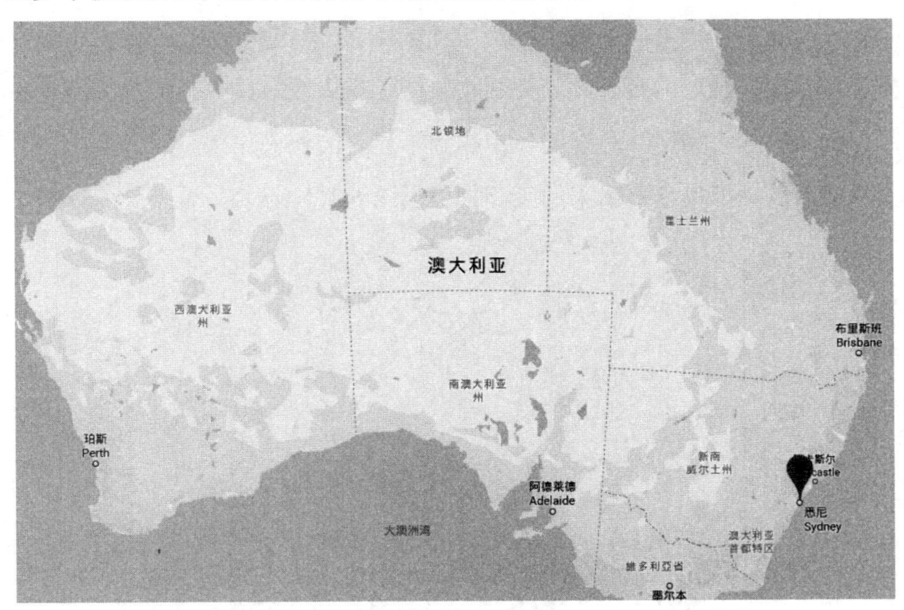

图 6.1 悉尼市的地理位置

图片来源：谷歌地图。

6.1.2 城市废弃物情况

2017 年悉尼市的生活废弃物约 65 000 t，其中约 30%被填埋，该市的目标是到 2030 年将填埋率降至 10%。此外，悉尼市政府正在致力于 2050 年的零废弃物目标。城市废弃物管理是一个城市管理水平的重要体现，悉尼的城市废弃物管理体系已经较为完善，废弃物处理水平较为领先，在政策导向、法律法规、管理机制上都有独到之处，基本上形成了政府、企业、居民及家庭协作的机制。

生活废弃物从产生之时起，经历分类投放、回收利用、定制处理等步骤，辅以严格的政策法规约束、市场化机制和居民自觉参与。悉尼市还将实施废弃物审计，同时把废弃物资源回收目标列入市政废弃物管理服务的采购合同。悉尼政府与民众之间存在形式多样的交流，如通过访谈或发放环保专刊等，并建立了多种多样的长期互动、交流的平台，鼓励全社会民众树立环保意识。

悉尼市的废弃物分类率逐年稳定增长。自 20 世纪 90 年代开始城市废弃物分类收集以来，悉尼的废弃物分类回收取得了积极成效，废弃物分类率逐步提高，对资源的回收利用和环境的保护起到了显著的积极作用。

悉尼市从填埋场分离出来的废弃物量见图 6.2。

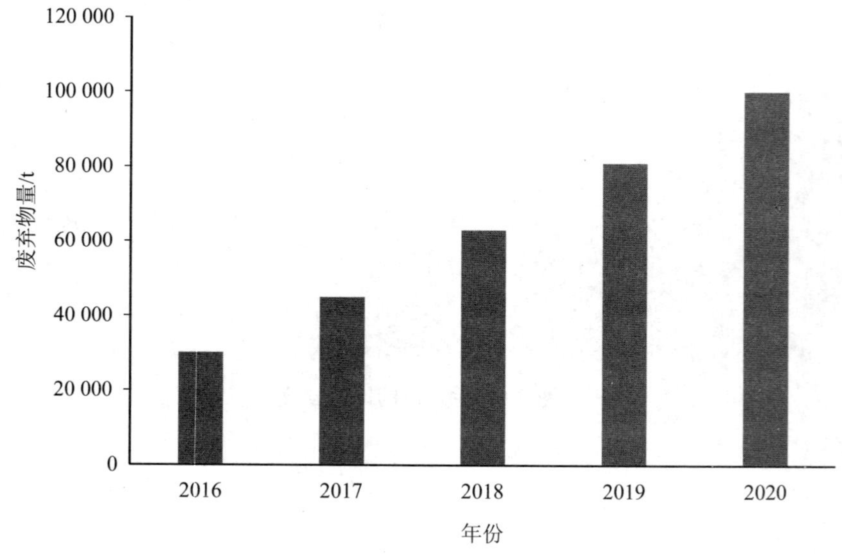

图 6.2　悉尼市从填埋场分离出来的废弃物量

数据来源：澳大利亚无废网络，2020 年数据为预测值。

悉尼市一直探索实现废弃物“减量、回收、再利用”的途径，通过分拣有用的产品、将有机废弃物通过堆肥等形式形成肥料、采用先进工艺进行回收处理再利用等方式，从垃圾填埋场转移大约 80%的废弃物。2017 年年底悉尼颁布了《不废一物》（*Leave Nothing to Waste*）的规划，通过采用新型的住宅废弃物清理体系，提升资源回收，该项规划中将废弃物重新定义为资源。不断帮助商户选择更具备可持续发展性质的废弃物管理方案、改造升级现有市政废弃物存储点，以提升管理。

6.2 实现“无废城市”的管理机制

6.2.1 科学细致的分类

悉尼市生活废弃物主要分为可回收废弃物、普通废弃物、有机废弃物和大型废弃物四类（见表 6.1）。

表 6.1 悉尼市生活废弃物分类

可回收废弃物	硬性塑料瓶和容器、玻璃瓶和罐子等
普通废弃物	家庭废弃物、食品废物、废弃陶瓷、耐热玻璃和其他玻璃器皿、聚苯乙烯等
有机废弃物	花园有机废弃物，包括树枝等
大型废弃物	丢弃而无法放入废弃物桶中的大型废弃物，不同类别的回收频率不同，多为一年收集两次

6.2.2 严厉的处罚措施

悉尼市并没有针对居民废弃物分类违规的处罚制度，更多的是培养居民的环境保护意识，鼓励居民做好废弃物分类。但是，如果居民家庭废弃物没有分类，或是分类不到位，政府有权拒绝收集其废弃物。政府对于废弃物管理违法违规的处罚，主要是针对商业企业的违规行为和居民乱扔废弃物的行为。

6.2.3 科学的收费标准

在悉尼市，居民只需向当地的市政委员会缴纳市政费，不需单独缴纳废弃物处理费。市政费根据房产信息综合评估。在悉尼市，每年每户交给地方市政委员会市政费大约 1 000 澳大利亚元，这包括了废弃物处理、维护路和水道等各种收费。如果家庭产生的废弃物量大，可支付额外费用换取容量大的废弃物桶。

6.2.4 废物的资源化回收利用由专门管理部门负责，创建下属公司

为了实现城市废弃物资源化利用，该公司需要收集城市废弃物中的可循环和可资源化的部分，并运输到专业的城市可回收废弃物回收厂，通过专业化分类和再加工及交易，较好地实现了废弃物的资源化回收利用。悉尼市资源回收公司虽然是营利性企业，但是必须提供咨询、培训和运营废物服务。

6.3 实现无废城市的法律法规

澳大利亚政府相继颁布了《环境保护法》《全国环境保护委员会法》等 50 多部环保法律法规。悉尼市也建立了较为完善的环境保护法律法规体系，为废弃物处理提供了有力的保障。

悉尼市政府十分重视环境保护和废弃物分类的宣传教育，各地政府的网站和分发到每户居民的宣传册上，都有十分详细的废弃物分类回收的相关规定和知识，包括废弃物的分类、回收的日历安排、处罚细则、废弃物处理的相关知识等。悉尼市的小学都设有环保课程，其中包括家庭废弃物如何分类、投放以及回收小窍门等，每个孩子在小学就开始接受环保知识的教育，这些都为城市废弃物处理打下了良好的基础。

悉尼市议会于 2017 年 3 月正式批准通过了《环境行动计划(2016—2021)》，这意味着悉尼市加快了环保计划的审议速度。政府部门正在力争实现 2050 年的净零排放目标。[①]在废弃物管理方面，行动计划将重点应对三方面问题，即废弃物填埋场的环境污染、填埋场容量有限以及住房密度增加导致的废弃物管理压力。具体措施包括：把从城市建筑中收集的可循环废弃物分别归类；把从园林中收集的园艺废弃物汇集到废弃物再利用场所，统一堆肥处理；将市政基础设施建设和维修工程产生的拆建废弃物统一运送到悉尼当地的废弃物循环中心，进行再利用、恢复或加工等处理。

6.4 实现“无废城市”的具体措施和方案

6.4.1 持续深入的环保教育

悉尼的环保教育贯穿于幼儿园、学校、家庭及公民教育的全过程，不同年龄段的公民可从多种渠道、多个层次受到良好的环境教育。悉尼的孩子们从小便受到多种教育，参观废弃物回收厂，参观污水处理厂，对比污染和破坏造成的消极影响，环保意识自然就从小养成。同时，任何人都可以举报乱扔废弃物的现象，无论是租房者、业主、访客还是房产代理，违法者将遭到重罚，举报者得到奖励。

6.4.2 悉尼建设澳大利亚最大的先进的废弃物处理厂，让城市废弃物集中资源化

该厂每年可回收各类废弃物 25 万 t，并在循环利用可回收废弃物的同时，将其余废弃物制成绿色燃料，此燃料可在水泥行业代替煤的使用。该工厂生产的工艺工程燃料（PEF）将减少澳大利亚对化石燃料的依赖，每年全球燃烧超

① 悉尼市获准实施新的环境行动计划[J].城市管理与科技，2017，19（3）：86.

过 200 亿 t。提供新可持续性选择，该工厂每年从多达 50 000 辆运往废弃物填埋场的卡车中收集废物，将可回收材料与不可回收材料进行分类。任何不能回收的东西，包括许多塑料，都会变成 PEF 的干纸浆。

6.4.3 悉尼每个区都有对应的类似居委会的管理机构——城市委员会（City Council），悉尼有完善的城市废弃物管理在线服务体系

网站上有很多的服务类别，废弃物管理、社区安全、社区活动等。居民搬进新家，或者觉得家中的废弃物桶不够大、丢失、损坏等，都可以向城市委员会申请更换。需填写更换申请表，勾选适合自己的组合，支付相应的费用。悉尼的废弃物桶包括三种颜色，分别为绿色、黄色、红色，绿色针对有机植物废弃物，如割完的草、树枝等；黄色针对可回收废弃物；红色针对一般的生活废弃物（见图 6.3）。

图 6.3 悉尼市的垃圾桶

悉尼市为当地居民提供免费的大型家居用品等接送服务，居民需提前预订（见图 6.4）。

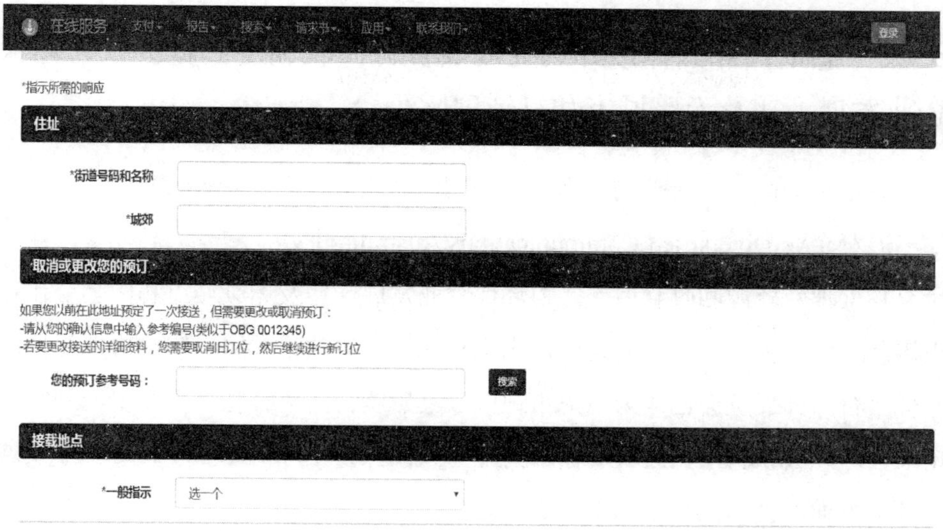

在线服务 支付 报告 搜索 请求书 应用 联系我们 登录

*指示所需的响应

住址

*街道号码和名称

*城郊

取消或更改您的预订

如果您以前在此地址预定了一次接送，但需要更改或取消预订：
-请从您的确认信息中输入参考编号(类似于OBG 0012345)
-若要更改接送的详细资料，您需要取消旧订位，然后继续进行新订位

您的预订参考号码： 搜索

接载地点

*一般指示 选一个

图 6.4 悉尼城市废弃物管理完善的在线服务体系

6.4.4 悉尼内西区议会（Inner West Council）为废弃物桶安置芯片，监控居民扔废弃物的行为，统计回收废弃物情况

高科技芯片可以记录居民扔废弃物的时间，并且能够监测居民所扔废弃物是否“污染”可回收废弃物桶。据悉，悉尼内西区议会将在区域内投放 3.5 万个新废弃物桶，这些新废弃物桶边缘部位都置有无线射频识别芯片（RFID）。悉尼内西区议会发言人表示，无线射频识别芯片系统能够监控废弃物桶的基本情况，若今后居民家门口的废弃物桶未被收走，也无须再另作报告。

6.4.5 鼓励废物的二手交易，让二手交易成为变废为宝的重要渠道

废弃物回收利用，悉尼市人普遍认为更好地做法是减少自身浪费、增加二次利用。悉尼市鼓励二手交易，并开发了多个网站专门用于二手交易，例如，Gumtree：https://www.gumtree.com.au/,Trading Post:https://www.tradingpost. com.au/Oz。

6.4.6 悉尼国际固体废弃物处理及资源回收利用展览会，为环保企业发展、普及无废城市和打造国际平台

悉尼市国际固体废弃物处理及资源回收利用展览会（AWRE）由澳大利亚知名展览企业 Diversified Communications Australia 主办，是澳大利亚最专业的废弃物处理及资源回收利用展，为环保企业发展、普及无废城市和国际合作打造国际平台，为业内领军人物引进先进技术、商讨政策并提出解决方案提供了绝佳平台。此展览会已成为悉尼市地区极具影响力的废弃物处理及资源回收利用展。这些会议将汇聚废弃物循环的专家共同探讨全球能源回收、可持续发展及环境方面的创新及技术的未来走向。

6.5 《不留一废，2017—2030 年城市废弃物战略及行动方案》

2017 年悉尼市在公布了《不留一废，2017—2030 年城市废弃物战略及行动方案》，明确了悉尼市废弃物管理的量化目标、优先领域和行动，以最终实现无废弃物填埋的“无废目标”。该战略是在新南威尔士州《2014—2021 年废弃物避免和资源回收战略》框架下制定的针对悉尼市的中长期废弃物管理战略，并且提出了适应未来立法要求和技术进步的建议。

悉尼市的废弃物管理已经较为完善，并且在近期取得了以下几个方面的进展：一是为居民提供充分的废弃物回收服务；二是 69%的住宅垃圾从垃圾填埋场转移；三是全天候响应清洁团队；四是对当地企业提供可持续废弃物管理建议。但是，悉尼市仍有改进空间，以实现“无废目标”，即没有废弃物用于填埋。

6.5.1 目标设定

悉尼市废弃物管理的长期宏观目标包括三个方面：一是减少废弃物产生量；二是尽可能回收利用；三是以可持续的方式处理废弃物。悉尼市以 2021 年和

2030 年为时间节点设定了量化目标，并针对整体、居民、商业等制定了细化目标，具体如下。

（1）整体目标：将城市公园、街道和公共场所 50%的废弃物从垃圾填埋场转移；将市政管理的物业产生的 70%的废弃物从垃圾填埋场转移；将市政管理产生的 80%的建筑和拆除废物从垃圾填埋场转移。

（2）居民目标：将 70%的废弃物（至少 35%在源头分离并回收）从垃圾填埋场转移。

（3）商业企业目标：将当地政府区域的经营企业 70%的废弃物从垃圾填埋场转移；将当地政府区域 80%的建造和拆除活动产生的建筑废弃物从垃圾填埋场转移。

悉尼市的长期目标是减少所有废弃物并实现最大程度的资源回收，到 2030 年的目标。

（1）整体目标：①将 90%的城市公园、街道和公共场所产生的废弃物从垃圾填埋场转移；②将市政管理的物业产生的 90%的废弃物从垃圾填埋场转移；③将市政管理产生的 90%的建筑和拆除废弃物从垃圾填埋场转移。

（2）居民目标：将 90%的废弃物（至少 35%在源头分离并回收）从垃圾填埋场转移。

（3）商业企业目标：将当地政府区域的经营企业 90%的废弃物从垃圾填埋场转移；将当地政府区域的 90%的建造和拆除活动产生的建筑废弃物从垃圾填埋场转移。

6.5.2 优先领域和行动

该战略规定了城市废弃物管理的优先领域和行动。

（1）优先领域 1——促进创新以避免浪费：我们将倡导并帮助城市的企业和社区创新并减少废弃物管理带来的影响。我们将继续探索减少悉尼市内废弃物产生的机会。我们计划通过与社区成员、州政府组织、行业团体和学术界持续合作。作为持续改进措施的一部分，我们还将审查和更新我们购买的产品和服务，以获得更好的环境成果。

（2）优先领域 2——改善回收成果：我们将优化现有的城市服务，以减少污染，并探索新的服务。

我们的建筑和公共空间的改善将提高整体资源回收率，其中包括更有针对性的教育计划和新服务（如收集居民的厨余垃圾）。

在向居民提供服务时，我们将提供教育材料，以提高回收率并减少回收箱的污染。我们将为每个住宅推出免费的每周上门回收服务，包括电子废弃物、金属和白色家电等。我们还将在永久指定点提供服务，调查居民使用常规服装和纺织品回收装置的效果。

（3）优先领域 3——可持续设计：我们将更加关注新项目中的废弃物规划。

对于我们自己的项目，我们将更新内部指南，为员工和承包商提供一致且有效的指导，帮助他们将废弃物管理纳入建筑、服务、设计和执行中。

我们将把最低要求纳入对所有新住宅和商业开发的规划文件中。

（4）优先领域 4——干净清洁的街道：我们将改善城市周围管理和运输废弃物的方式。

为了保持和改善城市周边的交通量和行人舒适度，我们将重点关注减少非法倾倒垃圾。我们将尽量减少在行人路上遗留垃圾箱的时间，减少高峰时段垃圾运输车的数量，并研究在公共场所进行回收的措施。

（5）优先领域 5——更好的数据管理：我们将改进收集、报告废弃物及其回收数据的方式。

我们将创建一个数字平台来收集、存储、转换和报告废弃物及其回收数据。这将有利于监测环境目标的执行进度，更快地对废弃物的类型和数量做出反应。

我们将在所有住宅区废弃物收集车辆上安装适当的废弃物跟踪和监控设备，以提高废弃物服务标准并减少污染。

在商业社区中，我们将继续支持和扩大关键商业部门的废弃物报告（通过与行业和州政府组织的合作）。

（6）优先领域 6——未来的解决方案：我们将优先考虑处理不可回收废弃物的长期解决方案，以尽量减少填埋。

当我们最大限度地回收利用（通过单独收集材料进行再利用或加工成新材料）废弃物时，我们就需要管理剩余废弃物的解决方案。如果我们有替代技术，例如，混合残余废弃物的能源恢复解决方案，到 2030 年才有可能实现 90%的回收率。

6.5.3 该战略对不同利益相关方的意义

（1）对政府部门：通过合理的废弃物管理，我们可以展示可持续发展的领导力。在某些领域，这需要收集、报告和验证废弃物回收及垃圾填埋场转移量的数据，以提高准确性和透明度。

为了实现目标，我们将：

- 继续教育我们的居民、游客和商业社区减少产生废弃物，并加大再利用和回收；
- 在未来的采购合同中包括废弃物相关目标；
- 采购能够实现废弃物管理目标，并展示有价值的物品的回收解决方案；
- 改善组织内部的废弃物管理方式；
- 与其他地方政府合作，寻找解决共同问题的方法；
- 监测并报告目标进展；
- 倡导州和联邦政府保护将来开发废弃物处理设施的土地。

（2）对居民：在绝大多数情况下，居民支持悉尼市政府提出的增加垃圾填埋场转移的目标。虽然在实际操作中，居民对可回收的废弃物存在混淆，但对回收服务有了强有力的支持。

作为住宅服务行动的一部分，悉尼市逐步提供更多的教育和信息，并在调查回收服务的反馈，我们认为这些服务将产生环境效益。

我们鼓励居民：

- 尽可能地减少浪费；
- 选择“做正确的事”——更多回收，减少污染；
- 使用悉尼市的新回收服务；
- 对大件废弃物预约上门收集，而不是直接扔在街道旁。

（3）对企业：悉尼市商业企业产生的废弃物孕育着机会，可以影响行业对增加回收和垃圾填埋场替代品的需求。在大多数情况下，由于州政府对垃圾填埋征税，这些垃圾填埋的替代品可以相同或更低的成本交付。

我们鼓励并支持企业：

- 考虑如何避免浪费和回收更多废弃物；
- 要求废物管理承包商提供更好的服务；
- 改善废弃物报告的方式；
- 通过采购减少垃圾填埋的服务来支持废物创新；
- 参与新的城市可持续发展计划；
- 获得城市支持，以探索更好的废弃物解决方案的机会。

（4）我们需要其他机构和监管机构：目前，悉尼地区未来废物处理设施管理人口和发展增长的需求与确定适合这一需求的合适地点之间存在差距。

围绕当前废弃物产生和处理能力的更加透明将有助于开发新的废弃物设施。

我们呼吁其他政府机构和监管机构：

- 采取更多措施防止浪费，例如减少一次性使用的物品，并增加工业和企业收回废弃物的压力；
- 在悉尼大都市区内为垃圾处理和转移分配适当的土地资源；
- 为希望更多了解废物处理（包括废物转化为能源）的环境影响的公众提供独立的参考点；
- 提高住宅和商业生产者及废物经营者的废物数据的透明度和完整性；
- 根据“产品管理法”扩展国家产品管理计划。

参考文献

[1] 张亚峰，史会剑，时唯伟，等. 澳大利亚生态环境保护的经验与启示[J].环境与可持续发展，2018，43（5）：23-26.

[2] 澳大利亚维州实施塑料袋禁令[J]. 绿色包装，2018（3）：34.

[3] City of Sydney. https：//www.cityofsydney.nsw.gov.au/live/waste-and-recycling/e-waste-and-chemicals/battery-mobile-and-light-bulb-recycling.

[4] Zaman A U. Measuring waste management performance using the ‘Zero Waste Index’：the case of Adelaide，Australia[J]. Journal of Cleaner Production，2014，66：407-419.

[5] Zaman A U，Lehmann S. The zero waste index：a performance measurement tool for waste management systems in a ‘zero waste city’[J]. Journal of Cleaner Production，2013，50：123-132.

[6] Song Q，Li J，Zeng X. Minimizing the increasing solid waste through zero waste strategy[J]. Journal of Cleaner Production，2015，104：199-210.

[7] City of Sydney. 2017. Leave Nothing to Waste Strategy and Action Plan. https：//www.cityofsydney.nsw.gov.au/_data/assets/pdf_file/0011/308846/Leave-nothing-to-waste-strategy-and-action-plan-20172030.pdf.

7 德国柏林市

摘　要：柏林是德国第一大城市，也是德国和欧洲废弃物管理的示范区域之一。实现“无废城市”是柏林市长期性、根本性的目标，通过不断努力，该市日益成为全球“无废城市”的引领者之一。柏林的废弃物管理的成功关键在于严格的法律法规、公众的积极广泛参与和加强废弃物的回收、循环和再利用方面的努力。德国是全球环境保护法律最完善的国家，“环境警察”在城市废弃物管理上有着十分重要的作用，此外，一系列环境法律、法规对废弃物管理提出了严格要求和严厉的处罚措施。柏林市制定了完善的城市废弃物管理体系，采用严格的行政措施、多主体参与协作、高度专业化运作。同时，柏林市不断加强立法，并且通过采用高效的废弃物收集体系、严格管理废旧汽车、引入新型垃圾桶、实行塑料瓶押金等措施不断优化废弃物管理体系，提高废弃物的回收利用、减少废弃物焚烧填埋，从而为实现全球“无废城市”示范区打下了良好基础。

7.1 柏林无废城市基本情况

7.1.1 城市概况

柏林位于德国东北部见图 7.1，是德国的首都和最大的城市，也是德国的政治、文化、经济中心。柏林 2016 年年底常住人口约 350 万，是欧盟区内人口居第三的城市。柏林市2016年地区生产总值约2 869亿美元，柏林是德国主要工业区，同时第三产业（服务业和通信业）相当发达。

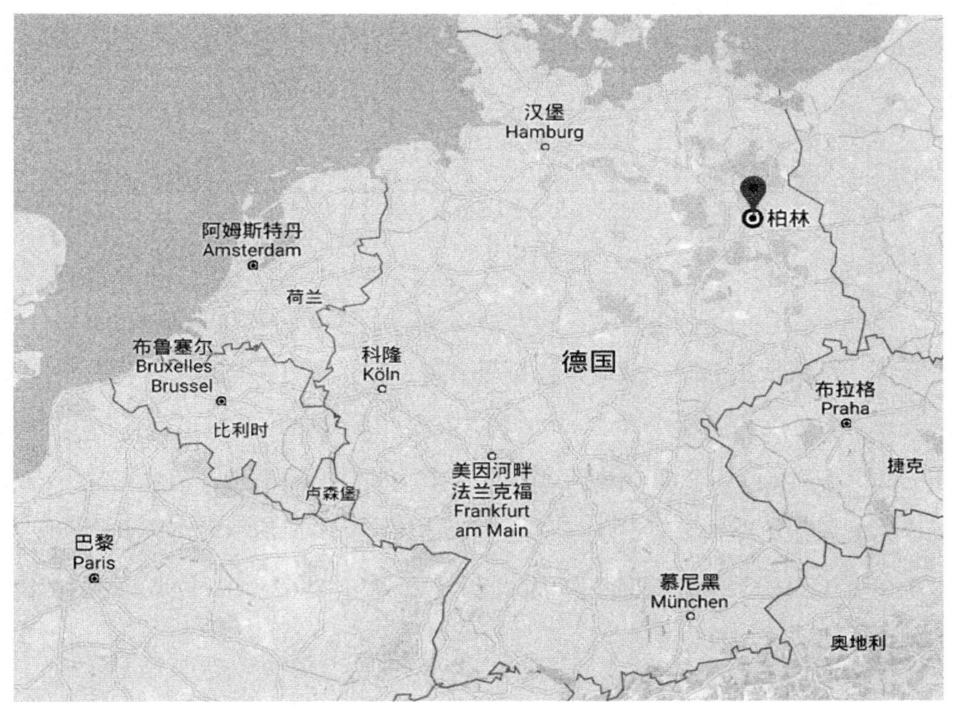

图7.1 柏林地理位置

图片来源：谷歌地图。

7.1.2 城市废弃物分类及处理情况

柏林城市废弃物主要包括生活废弃物及工业废弃物两大类，占比分别为80%和20%。生活废弃物主要由家庭、商业机构等产生。柏林城市废弃物处理方式分为两种：回收利用、焚烧填埋。该市的废弃物分为可回收利用的废弃物及用于最终焚烧或填埋处理的废弃物。可回收利用的废弃物主要包括纸类、有机废弃物、轻包装、塑料、金属、可降解的包装等（见表7.1）。

表 7.1　柏林市可回收的废弃物分类

纸类	旧报纸杂志、包装纸、纸板和卡片等
有机废弃物	水果和蔬菜残留物、有问题的食物、枯萎的花朵、咖啡、茶叶、蛋壳、花园废弃物、枯草等
轻包装	酸奶纸箱、锡罐或饮料盒等
塑料	容器、塑料瓶、花盆、塑料碗、塑料箔、泡沫塑料等
金属	罐头、餐具、螺丝、铝箔、盖子和容器等
可降解的包装	饮料容器、包装药物盒子等

注：电器、电池、纺织品、数据存储介质等禁止放入。

柏林市持续优化其城市废弃物管理体系。柏林市通过加强收集及处理有机废弃物，不断增加纸类、玻璃、塑料和金属等废弃物的回收利用，从而减少最终处理（指焚烧和填埋）的城市废弃物。柏林市最终处理的城市废弃物由 1992 年的 230 多万 t 降为 2000 年的 100 万 t 以下，并且持续减少，柏林在减少城市废弃物焚烧和填埋领域取得了长足的进步。与此同时，柏林城市废弃物回收利用量显著增加，由 1992 年的 27 万 t 提高到 2012 年的 62 万 t，回收率由 10%增加到 40%以上（见图 7.2）。

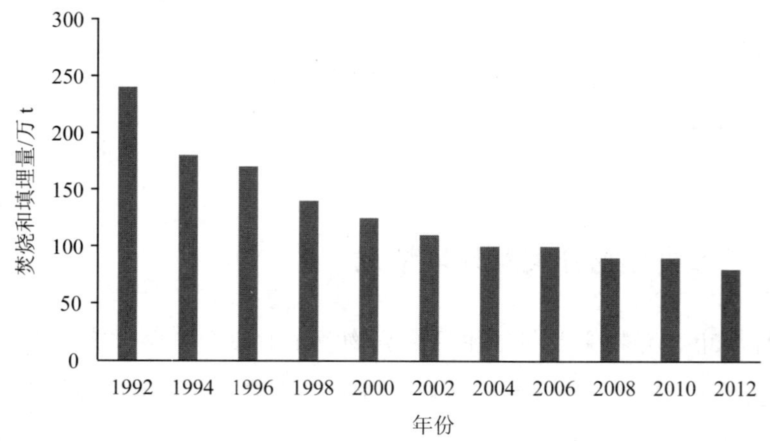

图 7.2　1992—2012 年柏林市城市废弃物焚烧和填埋量

柏林市废弃物管理以资源回收和再利用为重点和优先，不断朝着更高水平的资源利用和管理的方向发展。柏林在废弃物回收、二次拆解和能源化回收中不断取得新突破，变废弃物为资源的循环经济和废弃物处理程序日益成熟。近几十年以来，柏林长时间执行废弃物管理的措施，也让柏林市民认识到废弃物管理的重要性和紧迫性，市民的垃圾分类和积极配合垃圾回收方面的意识得到了显著的提高。随着科技水平的进步，特别是垃圾分类、垃圾循环利用和处理技术的深刻变革，为高水平和高质量的无废城市建设奠定了良好基础。目前，以柏林为代表的德国已经拥有全球前沿的废弃物回收利用体系，为城市环境保护和可持续发展做出了卓越的贡献。

7.2 实现零废城市的管理机制

7.2.1 柏林政府对废弃物管理制定了严格的处罚规定和采取了有效的行政管理措施

行政部门发现市民未按照规定投放垃圾，将对此发出警告和改正通知，如果市民未按照要求积极整改，将会受到严格的行政罚款。此外，如果该市民不按照规定改正，这会导致该社区有可能面临垃圾费用提升的风险，这也意味着不按规定处理家庭垃圾，将受到来自社区的批评和集体性承担处罚责任，加强社区对垃圾投放的监督和培育共同体意识。柏林为了适应城市垃圾分类形势，针对不同的垃圾设置了不同的投放设备和场所，这为科学的垃圾投放创造了条件。柏林的环保警察高度专业化和组织化，下设不同的分支机构，拥有专业的设备和全球先进的技术支持，可以对市民的环境破坏行为及不规范的垃圾处理进行现场执法，这为城市废弃物管理措施有效落地和长久实施创造行政管理人才保障。柏林新的《采购与环境管理条例》于2013年生效，也要求柏林的所有公共机构遵守积极保护环境的要求。

7.2.2 垃圾管理的多主体（多层级）的参与和协作

除环保警察之外，柏林的刑事警察、森林警察等都具有相应的环境执法资格，形成了共建的城市废弃物管理体系。柏林城市清洁公司（Berliner Stadtreinigung，BSR）是欧洲最大的、最先进的废弃物管理处理公司之一，主要负责柏林城市废弃物的最终处理工作，特别值得注意的是，该城市的居民都有义务来使用该公司提供的公共性服务，带有一定的强制性。柏林市政府逐渐构建政府、企业和公众多元化主体共同参与和管理的无废城市共同体，这推动了无废城市成为柏林共同的事业。

7.2.3 大众参与和高度专业化的统一

柏林市开展了众多类似于关于环境治理的草根运动，使柏林生态治理和无废城市具有广泛而强大的市民基础。从根本上看，城市废弃物对市民健康、城市形象和社会可持续发展造成了严重的损害，这促使了自下而上大众参与无废城市建设。在柏林，这里有大量的环保组织、非政府组织和学术组织等关心关注环境保护和无废城市建设，这些组织为集中化、专业性的研究、信息收集和科学宣传等创造了条件。市民和环保组织可以与政府、企业进行沟通和协商，共同倡导建设无废柏林。

7.3 实现无废城市的法律法规

欧盟颁布的废弃物指令、规章等需欧盟各个成员国遵守。例如，欧盟的《废弃物运输指令》规范了欧洲联盟内外废弃物和危险废弃物管理条例，包括垃圾填埋要求以及产品包装要求等。德国坚持高标准的废弃物管理立法和行政，根据统计，德国联盟及其各州关于环保法律（法规）超过 8 000 部，主要是基于不同时期的环境保护任务设立的，德国也成为全球环境法规最为严密的国家之一。在这样的大背景下，柏林废弃物正在越来越多地被回收，作为资源或能源使用，通过这种方式，它们可以为气候保护、资源节约和无废城市建设做出重要贡献。

20 世纪 90 年代，德国颁布的《物质封闭循环与废弃物管理法》规定可循环使用的废弃物需要分类投放和循环利用。2005 年德国颁布的《电子电器设备法案》规定电子类垃圾需要和其他城市废弃物区别化放置、单独处理。2009 年德国修订《电池法案》，电池零售商必须免费回收废旧电池；规定要设置专门的投放容器。在城市废弃物管理领域，20 世纪 70 年代，联邦德国就颁布了《废弃物避免产生和废弃物管理法》，促使垃圾直接填埋的数量不断下降，一系列垃圾处理公司兴起。2005 年，德国要求未按照规定处理的生活和工业垃圾不得进行直接填埋。在容易产生大量垃圾的商品包装上面，德国颁布的《包装法》要求商品的生产者和运输者回收可回收的商品包装，并且积极回收再利用。在柏林，不能随意丢弃旧家具、废旧轮胎等废弃物，居民需要交付一定数量的欧元来为产生的某些垃圾付费，企业或个人都要对自己产生的垃圾付费。

7.4 实现零废城市的具体措施和方案

7.4.1 高效废弃物收集体系

柏林每户居民家中都有有机垃圾回收箱和其他垃圾回收箱，其他垃圾回收的管理费要高于有机垃圾，每户家庭可根据实际确定所需垃圾箱的大小等。城市环保管理系统会按时来回收垃圾，实现家庭废弃物的有效管理。此外，柏林市还提供专门的回收点及上门回收服务。对于大件垃圾、危险废弃物等都设有专门的回收点，也都有垃圾回收企业在固定的时间上门回收，为居民提供了诸多便利。

7.4.2 对废旧汽车和金属垃圾等城市废弃物进行严格的专业化管理

柏林是德国重要的经济中心，汽车等工业发达，废旧汽车和金属垃圾是城市废弃物管理的重点之一。柏林在废旧汽车和金属废弃物管理方面积累了大量的经验，也拥有世界领先的废旧金属等废弃物处理的科学技术，通过对废旧汽车和金属垃圾等城市废弃物进行严格的专业化管理，不仅解决了该类废弃物对环境的严重破坏问题，而且提高了城市废弃物的回收利用率，加强了循环经济利用。

7.4.3 环保警察严格检查城市垃圾工作

环保警察发现未按照规定处理城市废弃物时，将采取严格的措施来遏制这样的行为。环保警察通过巡逻城市和使用高科技的检测设备，可以科学有效的执法，保障城市废弃物管理得到严格的执行。

7.4.4 引入新型垃圾回收箱，提升科技因素在无废城市进程中的价值

2013 年柏林引入新型垃圾回收箱，将包装与塑料、金属与符合材料等共同回收，再进行回收利用和能量化回收。据统计，新型回收箱使用后，柏林人均每年可回收物收集量将增加较为明显。柏林市政府大力支持城市废弃物科研事务，对其予以重点支持。

7.4.5 实行塑料瓶回收押金制度

柏林市对塑料瓶的需求量巨大，柏林市政府为了保证科学有效地回收塑料瓶，在市民购买含塑料瓶的商品时，对每个塑料瓶收取一定额度的押金，并设有塑料瓶回收机，消费者将空的塑料瓶投入回收机后将收到同等额度的押金。柏林通过这种做法显著提高了塑料瓶的回收利用率，避免了重复生产这些塑料瓶，为“无废城市”建设做出了重要贡献。

参考文献

[1] 戴启秀，王志强. 21 世纪德国环保发展纲要及新政策[J]. 德国研究，2001（1）：47-50.

[2] 李为. 德国生态环境保护的观察与思考[J]. 科学与管理，2015，35（2）：55-59.

[3] 艾卡·雷宾德，王曦. 欧盟和德国的环境保护集体诉讼[J]. 交大法学，2015（4）：5-14.

[4] Berlin Waste Balance 2012. http：//www.stadtentwicklung.berlin.de/umwelt/abfall/bilanzen/2012/bilanz2012.pdf 2.

[5] 任春. 德国的环保[J]. 德国研究，2004（3）：44-46.

[6] Für Mensch und Umwelt.https://www.umweltbundesamt.de.

[7] 德国缘何拥有全球最高垃圾利用绿色率[EB/OL]. 新华网，http：//www.xinhuanet.com/world/2018-04/19/c_129853532.htm.

8　阿根廷布宜诺斯艾利斯市

摘　要：阿根廷布宜诺斯艾利斯市 2005 年颁布了“无废法案”，该法案当时被视为开创性的行动，明确了到 2010 年将废弃物填埋量减少 50%，到 2015 年减少到 25%的目标，并且将在 2020 年禁止填埋可循环利用和可堆肥的废弃物，同时该法案明确禁止对医疗废弃物进行焚烧处理，提出强制性垃圾削减目标，并显著减少运往垃圾填埋场的废弃物总量。布宜诺斯艾利斯市居民、市政府、CEAMSE 企业和城市拾荒者等在城市废弃物处理环节承担不同的责任。具体举措上包括以下几个方面：

（1）政府在市内每条街区安装垃圾回收箱，同时积极开展无废城市宣传活动，增强人民对垃圾分类和回收能力和意识；

（2）拾荒者在无废城市进程中起到了纽带作用；

（3）大力开展绿色中心（Green Centers）建设；

（4）引入城市垃圾地下存积系统为代表的创新废弃物管理产品设施；

（5）市政府会派卡车到居民家中收集废弃用品；

（6）法律、法规强制要求制造和出售电池的企业要负责废电池的回收。

根据联合国公布的关于阿根廷各省份发展情况的人类发展指数报告，布宜诺斯艾利斯废弃物回收及处理妥当，废弃物回收效率高，废弃物管理水平高，布宜诺斯艾利斯市位居阿根廷可持续发展城市第一位。通过实施城市立法和投资于促进城市废弃物来源分类的运动，布宜诺斯艾利斯有能力将自己定位为“无废”的真正领导者。布宜诺斯艾利斯获得 2014 年城市气候领导奖，表彰其固体废弃物管理计划。

8.1 布宜诺斯艾利斯城市废弃物现状

8.1.1 城市概况

布宜诺斯艾利斯市（City of Buenos Aires）是阿根廷首都，位于阿根廷东部，东临拉普拉塔河入海口，城市面积 200 km^2，人口 304 万，占全国人口 9%。布宜诺斯艾利斯市与周围隶属布宜诺斯艾利斯省的 19 个区连成一片，构成了大布宜诺斯艾利斯。大布宜诺斯艾利斯（Gran Buenos Aires，GBA）指布宜诺斯艾利斯自治市与周边卫星城组成的都会区，大布宜诺斯艾利斯方圆 3 800 km^2，居民 1 300 万。大布宜诺斯艾利斯现集中了全国 35%的人口，其工业产值占全国的 2/3。布宜诺斯艾利斯素有“南美巴黎”之称，城市风格和居民生活方式深受欧洲文化的强烈影响见图 8.1。

8.1.2 废弃物分类情况

阿根廷布宜诺斯艾利斯的城市废弃物包括家庭废弃物、街道废弃物、商业废弃物、绿化废弃物、大件废弃物和建筑废弃物等。全市每天产生约 6 000 t 城市废弃物见表 8.1。

表 8.1　2010 年布宜诺斯艾利斯城市固体废弃物类型和数量

类型	数量/t
家庭废弃物	903 083
街道废弃物	136 999
商业废弃物、绿化废弃物和大件废弃物	379 501
建筑废弃物	648 115

数据来源：Ministerio de Ambiente y Espacio Publico de la Ciudad de Buenos Aires，Informe Anual de Gestión Integral de Residuos Solidos Urbanos，2010.

图 8.1　阿根廷布宜诺斯艾利斯地理位置

图片来源：谷歌地图。

该市为每户家庭配备两个垃圾桶，一个用于可回收利用的干箱，一个用于不可回收利用和堆肥的湿箱。干箱里面的废弃物将送往城市绿色中心。根据阿根廷布宜诺斯艾利斯市法律规定，城市废弃物首先要进行“干”和“湿”的总体分类投放，然后进行“干”废弃物的具体分流处理。

布宜诺斯艾利斯市城市固体废弃物占比见图 8.2。

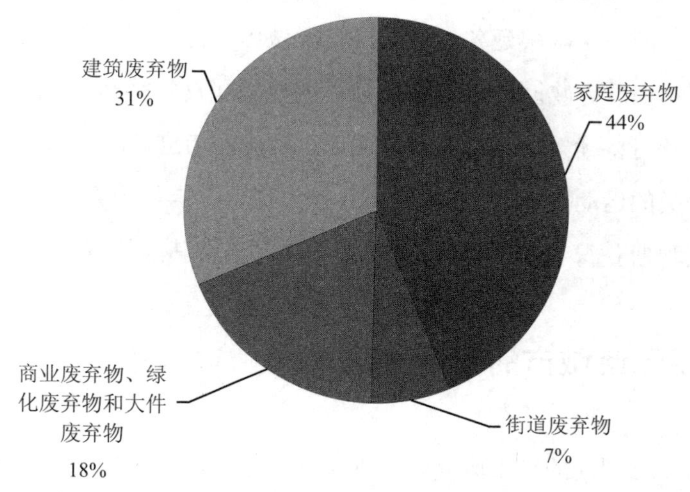

图 8.2 布宜诺斯艾利斯市城市固体废弃物占比

8.1.3 “无废目标”的背景及细节

2005 年阿根廷布宜诺斯艾利斯市议会通过了《城市固体废弃物综合管理法》。该法律设定了阶段性目标，以减少城市废弃物填埋量。到 2010 年，城市废弃物填埋量在 2005 年的基础上减少 30%；到 2012 年减少 50%，到 2017 年减少 75%；到 2020 年，禁止填埋可回收和可堆肥废弃物。

布宜诺斯艾利斯市致力于减少废弃物填量。这些目标正在通过以下方式实现：改进固体废弃物的收集和再循环；建设新的废弃物处理设备和对现有的处理设备进行现代化改造；使工业管理者和公众认识到废弃物源头分离和再循环利用的重要性；追究废弃物高生产者的责任。

布宜诺斯艾利斯市致力于投资和运用领先的废弃物分离技术，例如，机械—生物处理程序（MBT）是一种集机械分类和生物处理于一体的城市固体废弃物处理技术，其主要目标是通过回收可回收材料和稳定可生物降解的元素，减少运往垃圾填埋场的废弃物数量。该市持续升级机械—生物处理程序，以致力于达到回收该市每天产生的 6 000 t 废弃物中的 10%及以上。

根据联合国关于阿根廷各省份发展情况做出一份省级人类发展指数报告，布宜诺斯艾利斯废弃物回收及处理妥当，废弃物回收效率高，布宜诺斯艾利斯市位居阿根廷可持续发展城市第一位。通过实施城市立法和投资于促进城市废弃物来源分类的运动，布宜诺斯艾利斯有能力将自己定位为无废的真正领导者。布宜诺斯艾利斯获得 2014 年城市气候领导奖，表彰其固体废弃物管理计划。

8.2 实现无废城市的管理分工

布宜诺斯艾利斯的城市废弃物管理主要包括政府、废弃物处理商[CEAMSE 企业（Coordinación Ecológica Area Metropolitana Sociedad del Estado）]、居民、拾荒者等（见表 8.2）。

表 8.2 居民、市政府和 CEAMSE 企业在城市废弃物处理环节的各自责任

城市废弃物产生和处理环节	具体责任归属
生成	居民
分类投放	居民
收集	市政当局
转移	CEAMSE 企业
运输	CEAMSE 企业
处理	CEAMSE 企业

如表 8.2 所示，废弃物的责任在居民、市政当局和 CEAMSE 企业之间分配。

（1）城市居民的责任，垃圾生成包括生活垃圾生产的活动。

初步分类：一般的不分离或选择性的分离废弃物。

（2）市政府的责任。指收集和运输废弃物。收集可以是一般的收集（不区分不同类型的废弃物）或区分收集（根据其处理和随后的评估来区分废弃物的类型）。

市政当局负责维护城市卫生，包括清扫公共道路和收集生活垃圾，绿色中心在此过程中发挥了重要作用。

（3）CEAMSE 企业责任。CEAMSE 企业致力于城市废弃物管理。CEAMSE 企业是由布宜诺斯艾利斯省和布宜诺斯艾利斯市创建及领导的公司，对大城市地区的固体城市垃圾进行整体管理，是一家为社区提供环境管理服务的公司，专门研究、定义、规划和执行适用于废弃物整体管理的最佳技术、实践和流程。CEAMSE 企业公司标志见图 8.3。

图 8.3 CEAMSE 企业公司标志

CEAMSE 企业自成立以来，用最现代的环境管理流程和最佳的解决方案来解决废弃物管理现实问题，同时加强与国家科研机构的合作，如国家委员会共同完成科学和技术研究（CONICET）、国家水资源研究所、产业技术综合研究所（INTI）和布宜诺斯艾利斯大学，不断提升科学技术水平来致力于更加高效的废弃物管理。

转移：指临时储存或运输废弃物。

运输：指不同地点之间的废弃物运输。

处理：包括旨在处理废弃物的一系列操作。为了使废弃物适应其回收或最终处置而进行的操作，允许使用废弃物中所含的资源，通过物理、化学、机械等形式的再循环以及再利用的任何程序。

（4）拾荒者是该市废弃物管理的重要一环，废弃物拾荒者已成为布宜诺斯艾利斯废弃物管理工作的重要组成部分。废弃物拾荒者也被称为城市回收商，现在已经组建了 12 个超过 5 000 人的合作社，他们收集可回收材料。废弃物合作社和绿化中心对于可回收废弃物的接收和分类，给回收人员一个工作空间和执行任务所需的设备，也让城市拾荒者的工作被市政府正式合法化。

8.3 实现无废城市的法律法规

阿根廷国家环境与可持续发展委员会（National Secretariat of The Environment and Sustainable Development）负责制定国家固体废弃物管理战略。阿根廷基础环保法律是第 25675 号法（环境法）和第 25612 号法（工业和服务业废料综合处理法）。行为人在进行对环境或对居民生活质量可能造成破坏或严重影响的活动前，应编写环境影响评估报告，并报政府主管部门批准。此外，任何企业或个人如果从事对环境构成危险的生产活动，必须购买生态保险。为处理工业和服务活动产生的废料，第 25612 号法规定了最低预算金额。此外，该法禁止进口、引入、运输来自其他国家和地区的废弃物，仅经有关政府主管部门批准用于工业生产的废料及阿根廷签署的国际协议允许在其境内运输的废料除外。

布宜诺斯艾利斯市政府以及各省级主管部门应对制造、储存、运输、处理废料的工业和服务业活动经营者进行登记和备案。其他废弃物管理有关的法律还有：第 24051 号法（针对危险废料的产生、使用、运输和处理等方面）、第 23922 号法（针对危险废料在边境的运输）、第 25018 号法（针对有放射性的废料）、第 25916 号法（针对家庭生活垃圾）、第 26011 法（针对有机垃圾）、第 25688 号法（水资源管理法）。

阿根廷布宜诺斯艾利斯 2005 年颁布了“无废法案”，该法律当时被视为开创性的，给城市固体废弃物管理制定的目标是到 2010 年，将通过废弃物填埋场处理的固体废弃物减少 50%，到 2015 年减少到 25%，2020 年实现废弃物填埋场废弃物零处理，同时该法案明确禁止对医疗废弃物进行焚烧处理，提出强制性垃圾削减目标，并显著减少运往垃圾填埋场的废弃物总量。2005 年无废法案还包括生产者责任延伸条款，这将要求生产商和进口商修改其产品的包装或设计方式，并实施退货和回收计划。

8.4 实现无废城市的措施

8.4.1 政府在市内每条街区安装垃圾回收箱，同时积极开展无废城市宣传活动，增强人民对垃圾分类和回收能力的意识

2008 年市政府决定增设 15 000 个垃圾桶，并承诺打造干净的城市；2012 年市政府表示将增设更多的垃圾桶以及垃圾车。

2016 年市政府决定建造可回收垃圾收集中心，将在各个绿色回收中心进行垃圾分类回收。2013 年政府开始了一项城市废弃物回收教育活动，以鼓励城市的居民废弃物分类。尽管无废城市在某种程度上还处于起步阶段，但社会意识正在增强，回收利用和绿色思维的理念开始在整个城市传播，其社会影响力和国际影响力不断增强。

8.4.2 拾荒者在无废城市进程中的纽带作用

布宜诺斯艾利斯城市废弃物拾荒者支持城市回收，并且已经开始成为日常生活的基本组成部分。废弃物拾荒者这个名字源自 cartón（西班牙语中的“纸板”），指那些收集纸板和其他可回收材料的人。收集可回收物品可以保证收入，废弃物拾荒者将纸张、纸板、塑料和金属带到加工厂以换取金钱，不仅获得了市政府的认可，也获得了法律和财政支持，政府支持提升废弃物拾荒者专业知识和组织化，扩大他们对城市重要的贡献，城市废弃物拾荒者这一身份的荣誉

性和崇高性日益高涨。在布宜诺斯艾利斯的无废城市管理实践中，拾荒者起着关键作用，早在该市于2005年颁布无废相关的法律之前，就有拾荒者在城市的街道等地拾取可回收垃圾，随着管理的日益成熟和完善，拾荒者开始向分区包干化发展；此外，拾荒者每月将受到政府提供的一定额度的奖金。废弃物拾荒者见图8.4。

图8.4　废弃物拾荒者

8.4.3　大力开展绿色中心（green centers）建设

城市的32个公园和广场现在都设有绿色中心，用于固体废弃物分类和专业化处理。政府鼓励居民将可回收废弃物（塑料、金属、玻璃、纸张、纸板和泡沫塑料）直接投放到绿色中心。当从城市街道收集的绿色废弃物箱到达并开始分离任务时，废弃物回收人员将塑料、玻璃、纸板和金属等分类管理，由回收公司称重，无法回收的废弃物被运输到垃圾填埋厂。布宜诺斯艾利斯市政府给予了数千个城市拾荒者合法的地位，将其归属于为不同的合作社，他们中的一些人在国营的绿色中心进行废弃物分类工作见图8.5。

图 8.5 布宜诺斯艾利斯的废弃物绿色中心

绿色中心能够同时对建筑废料、园林剪枝垃圾、有机垃圾以及塑料垃圾进行处理，从而减少送到垃圾填埋场的垃圾量和温室气体排放量，节省大量资金，并设有教育中心，到访者可以安全参观设施，并学习减少、再用和回收垃圾以及堆肥的一些方法和措施。

8.4.4 引入城市垃圾地下存积系统为代表的创新废弃物管理产品设施

布宜诺斯艾利斯启用一批地下垃圾箱。这种垃圾箱只有很小的一个垃圾收纳口露出地面，其存放垃圾的设备放在地面以下。这种垃圾箱容量大，可以回收更多城市废弃物，不影响地面清洁，有利于市容，[①]也有利于废弃物自身的保存见图 8.6。此外，阿根廷率先在首都布宜诺斯艾利斯试点运营一款全自动的依维柯 Eurocargo 170E22 型卡车，可以花更少时间收集更多城市废弃物。

① “布宜诺斯艾利斯的地下垃圾箱”，人民网，http：//world.people.com.cn/n/2014/0130/c1002-24269021.html.

图 8.6 布宜诺斯艾利斯地下垃圾处理设施

8.4.5 市政府派垃圾车到居民家中收集废弃用品

2014 年布宜诺斯艾利斯开始推出一个家具、一个物品和一个电器综合管理的方案，政府把这些废弃的物品加以整修后利用，再廉价出售。这些物品具有一定的回收利用价值，如收音机、唱片机等。回收、修缮再拍卖或者捐赠到博物馆，为这些废旧物品找到新的价值。

8.4.6 法律要求制造和出售电池的企业要负责废电池的回收和处理

废旧电池是家庭废弃物中对环境污染最严重的物质之一，废电池的回收和处理是一项较为困难的事务。电池中的化学物质对环境和市民安全有很大的危害，2018 年布宜诺斯艾利斯市批准了一项“废弃电池环境管理”的提案，要求制造和出售电池的企业要负责废电池的回收。电池分销商需要销售符合法律要求的生产商或者进口商提供的产品，并需在商场设置废电池回收点。

参考文献

[1] 艾华.欧洲垃圾车方案在阿根廷获得成功——装配有艾里逊全自动变速箱的垃圾车提高效率 32%[J]. 交通世界（运输 • 车辆），2010（12）：74.

[2] 叶书宏，赵燕燕，刘一楠. 把垃圾扔到地下去[J]. 决策探索（上半月），2014（10）：73-74.

[3] Zero Waste In Buenos Aires，Global Alliance for Incinerator Alternatives，http：//www.no-burn.org/zero-waste-in-buenos-aires-argentina.

[4] City of Buenos Aires. Waste Management. https：//turismo.buenosaires.gob.ar/ en/article/waste-management.

[5] Beyond Recycling：On the Road to Zero Waste，Smart Cities Dive. https：//www. smartcitiesdive.com/ex/sustainablecitiescollective/beyond-recycling-road-zero-waste/90506.

[6] Buenos Aires An Amazing Green City，Vamos Spanish Academy School in Buenos Aires，https：//vamospanish.com/why-is-buenos-aires-a-green-city-in-latin-america.

[7] Waste and Territorial Management in Two Metropolises：Buenos Aires and Rio de Janeiro，airn International，https：//www.cairn-int.info/article-E_ESP_160_0017--waste-and- territorial-management-in-two.htm.

[8] 中华人民共和国驻阿根廷大使馆网站. 布宜诺斯艾利斯市介绍 https：//ar.chineseembassy.org/chn/zjagt/agtgk/t141213.htm.

[9] 固体废弃物：从垃圾发电到行为改变，澎湃新闻，https：//m.thepaper.cn/ newsDetail_forward_1755787.

9 菲律宾阿拉米诺斯市

摘　要：2009年菲律宾阿拉米诺斯市议会通过了菲律宾第一个无废城市条例。阿拉米诺斯市走在落实菲律宾《废弃物管理法》的最前沿，已经建立起了全面的无废战略，集中体现在后院和村级堆肥、垃圾源头分离计划和小规模分类设施等措施。政府在无废城市建设的重要领导作用，在阿拉米诺斯市固体废弃物管理委员会的指导下，全面和科学落实“不分类、不回收”的城市废弃物政策，无废城市的利益相关方共同参与协商，多元主体共同治理的趋势日益强劲的总体管理机制。阿拉米诺斯市无废城市的法律法规主要有《阿拉米诺斯市无废条例》《阿拉米诺斯市旅游环境教育计划》等。阿拉米诺斯市实现零废城市的具体政策安排主要包括：阿拉米诺斯市宣布和实施了“不分离、不征收”政策；严格限制随意乱丢垃圾；面对面的垃圾分类宣传，加强市民垃圾分类能力建设；加强城市废弃物的科学研究和垃圾处理基础设施建设；加强城市垃圾拾荒者在无废城市建设进程中的重要作用；村级堆肥是阿拉米诺斯市加强无废城市建设的基础，城市旅游驳船建造了生态棚屋，为残余、危险和少量可回收废物提供临时储存，也为妥善处理旅游行业创造了新场所；阿拉米诺斯市和非政府组织保持密切合作，共同推动环境治理。

9.1 阿拉米诺斯市无废城市建设进展

阿拉米诺斯市（City of Alaminos）位于菲律宾西北部，人口约为84 000，面积约为 166 km^2，农产品和海洋产品发达，旅游业是重点产业。阿拉米诺斯市是一个新兴的绿色城市，城市环境保护、海洋生态系统保护完善。阿拉米诺斯是菲律宾最受欢迎的旅游目的地之一，也是该国第一个国家公园所在地，该公园以美丽的海滩和丰富的野生动物而闻名，每年吸引 150 000 游客，为阿拉米诺斯市创造了数百个就业机会和数百万菲律宾比索的收入。阿拉米诺斯市作为菲律宾诸多岛屿所在地，市政府的目标是使阿拉米诺斯市成为该省的旅游中心，并继续努力成为该省最干净的城市。在全球焚化炉替代方案联盟（GAIA）的支持下，在社区和地方政府的共同努力下，堆肥和废弃物分类已成为当地的新规范。此外，作为阿拉米诺斯无废城市建设的重要领导组织，阿拉米诺斯市固废管理委员会（Solid Waste Management Board）日益制度化，这为长期和可持续推进城市废弃物管理奠定了政策基础。

9.1.1 城市废弃物分类及处理情况

随着阿拉米诺斯市旅游业的发展，其城市废弃物日益增多。阿拉米诺斯市的城市废弃物主要来自居民、商业、商场、工业、机构、医院和街道，其中居民产生的废弃物量最大。传统上产生的大部分废弃物都是可生物降解或可堆肥的材料，如市民产生的生活垃圾，特别是厨余垃圾等。与此同时，由于城市快速发展，不可生物降解的包装和产品已经成为日常生活的一部分。不可回收城市废弃物的扩散和处置越来越成问题，尤其是在阿拉米诺斯沿海地区，这些产品威胁着海洋生物，破坏了城市的自然美景。阿拉米诺斯市城市废弃物分类见表 9.1。

表 9.1　阿拉米诺斯市城市废弃物分类

城市废弃物基本类型	基本定义
农业废弃物	指因种植或收割而产生的废弃物；修剪或修剪植物的废弃材料等
可生物降解废弃物	可以被还原的材料粒子或者可以在一定条件下堆肥的垃圾等
大件废弃物	不能适当使用的废弃物由于其体积、形状或其他原因，被放置在单独的容器中。这些包括大的破旧或破碎的家庭商业、工业用品

城市废弃物基本类型	基本定义
	如家具、灯具、书柜、档案柜等
电子产品垃圾	包括收音机、音响和电视等，也包括诸多含有电子的废弃物等
生活垃圾	主要指来自家庭的垃圾等
医院垃圾	主要是来自医院、医疗的垃圾等
建筑垃圾	主要是来自城市住房建设和装修、修理等产生的垃圾

数据来源：2009 年阿拉米诺斯市废弃物城市条例。

历史上，阿拉米诺斯市的城市废弃物大约一半以上会被丢弃到水边或者直接焚烧，这对空气、水和土壤都造成严重的破坏。经过不断的完善，阿拉米诺斯市现在走在落实菲律宾废弃物管理的最前沿，建立起了全面的零废弃物战略。通过建立城市废弃物的基本分类标准，市民和游客可以从源头进行垃圾分类，为无废城市建设带来了较大的便利。阿拉米诺斯市开展垃圾源头分离、实施家庭后院和村级堆肥利用等措施。阿拉米诺斯市有几十个村庄设有村级堆肥设备，自下而上对有机废弃物加强再利用。2009 年全球焚化炉替代方案联盟提议与阿拉米诺斯市政府建立伙伴关系，加强无废城市的宣传和无废城市基础设施的建设。在非政府组织和基层管理者的共同努力下，以往乱扔垃圾或直接焚烧填埋的现象几乎消失，垃圾回收率显著提升，阿拉米诺斯市通过自下而上的方式将无废城市的相关利益方团结在一起，不断向无废城市迈进。

9.2 阿拉米诺斯市无废城市治理

9.2.1 阿拉米诺斯市无废城市的管理机制

（1）政府在无废城市建设的重要领导作用。阿拉米诺斯市政府是无废城市法案的主要实施者，同时也是与企业、市民、协会和非政府组织的关系的主要协调者。根据规定，市政府需要指导城市废弃物分类，加强无废城市建设的各个环节基础设施的建设，对于类似于化学等危险废弃物特殊处理，鼓励地方政府与废弃物公司建立合作关系，积极引导市民加强走上无废城市的道路。

（2）在阿拉米诺斯市固体废弃物管理委员会的指导下，全面和科学落实“不分类、不回收”的城市废弃物政策。阿拉米诺斯市建立了多样化城市废弃物回收站，为居民提供最大化的便利。无废城市建设包含多样化的城市废弃物回收服务，例如上门回收——挨家挨户收集垃圾；定点收集——利用各镇的回收利用设施作为集散点；垃圾车收集——垃圾车操作人员在上门收集垃圾。垃圾回收坚持“不分类、不回收”的城市废弃物政策，如果居民生活垃圾没有按照可回收和不可回收分类放置，将会受到行政处罚。

（3）无废城市的利益相关方共同参与协商，多元主体共同治理的趋势日益强劲。来自阿拉米诺斯市政府各个部门、废物管理和收集方面的城市工人以及垃圾回收公司、船主和运营商协会、学术界代表的其他利益相关者，以及不断扩大的参与者，积极落实无废城市建设的法律法规，以及加强对城市游客的宣传和教育，同时，积极为无废城市建言献策，形成了利益共同体。阿拉米诺斯市充分融合了自下而上的城市无废规划和社区居民的广泛参与，根据零废弃物城市条例，公众和各级政府共同负责管理废弃物；村庄、地方官员和非政府组织正在共同努力实现零废弃物城市的目标。

9.2.2 阿拉米诺斯市无废城市的法律法规

2009年阿拉米诺斯市议会通过了全国首个零废弃物城市条例，即《阿拉米诺斯市无废条例》（Zero Waste Ordinance of the city of Alaminos），具体内容包括：通过有序的废弃物管理，确保城市全天候清洁；禁止露天垃圾场；清除公共区域不能进行垃圾分类及覆盖的废弃物容器；支持和鼓励在家中和后院堆肥，以便减少收集的废物量；推广环保产品和环保包装材料，减少对一次性塑料袋和容器的产生；优化对能源、饲料、原料等资源清洁回收；尽量减少不必要的焚烧；利用无害环境的方法，最大限度地利用宝贵的资源，估计对资源的养护和恢复。阿拉米诺斯市无废条例总体要求加强对城市固体废弃物的全流程管理，采用系统的、综合的和生态的固体废弃物管理计划；确保对城市固体废弃物采用合适的收集、运输和处置，采用最佳环境实践准则；最小化产生城市废弃物，加强再利用和再循环等。特别是该条例明确提出禁止废弃物焚烧。此外，该条例规定了阿拉米诺斯市将如何实施收集垃圾进行公共教育等从源头上隔离，设定了废物管理的目标——综合化、系统化管理，要求逐步适应可持续的、综合的城市废弃物管理。该条例的主要目标是通过可持续和综合的城市废弃物管理来提升生态环境安全。①

《阿拉米诺斯市无废条例》

菲律宾在2000年颁布了管理废弃物的共和国法案9003（RA 9003）。在此之前，市政府负责废弃物的最终处理，通常将混合废弃物运送到中央垃圾场。新法律要求公众和各级政府分担管理废物的责任，最大的任务是确保分离、堆肥、收集和储存。要求每个工厂都建立材料回收设备，进行源头分离垃圾，禁止混合废物收集、露天焚烧以及不受控制的垃圾场。该法律还要求每个村庄建立一个回收中心，进行垃圾分类，并分别收集不同类型的垃圾，建立村庄堆肥系统。此外，该法律禁止露天焚烧和不受控制的垃圾场。根据法律规定，阿拉米诺斯市39个村庄的公开选举委员会必须实施全面的固体废弃物管理计划。

2011年阿拉米诺斯市颁布了《阿拉米诺斯市反对乱丢垃圾条例》（*Anti-Littering Ordinance of the City of Alaminos*），为了解决阿拉米诺斯市市民和游客在街道、景区、河流和其他公共区域乱扔垃圾的问题，市政府授权采取反对乱丢垃圾条例，确保市区的清洁和卫生，以及保障社区的健康和福利，要求市民、企业和

① Zero Waste Ordinance of the city of Alaminos，http：//www.alaminoscity.gov.ph/public-service/local-policies/Legislative%20Issuances/CityOrdinances%20-%20ENACTED/2009Ordinances/AlaminosCityOrdinance2009-05.pdf.

政府及全社会齐心协力和持续努力，不断降低废弃物的排放总量，加强分类回收和降低废弃物处理成本。本条例适用于所有公共区域及部分私人地方，如不限于街道、小巷、景区及公园等，禁止乱抛垃圾、倾倒垃圾或任何种类的垃圾，并呼吁所有业主、承租人、商业机构的占用人，无论是私人还是公众人士，均须清洁维持其门面及邻近环境的清洁，政府对违反清洁及环境的行为作出罚则。

2006年阿拉米诺斯市颁布了《阿拉米诺斯市旅游环境教育计划》（*Tourism-Environmental Education Program in the city of Alaminos*），阿拉米诺斯市政府根据菲律宾国家行政命令，从国家政府手中接管了百岛国家公园的管理和维护工作，并逐步成功地实施了各项旅游和市政工程。本条例涵盖所有层次的公立和私立学校、政府组织、商业组织、非政府组织和人民团体，阿拉米诺斯市旅游管理办公室是执行本条例的主要机构，并应向社会提供有关旅游和环境的信息、教育机构的讲师等。阿拉米诺斯市政府为加速实现符合阿拉米诺斯市环境目标，开展一项战略性、系统性的环境教育活动，特别是可持续发展领域。阿拉米诺斯市政府希望通过该计划，提升游客的环境保护意识和水平，加强城市垃圾管理，服务城市旅游。此外，菲律宾在2008年颁布了《环境意识与教育法案》（RA9512）：法案的目的是通过宣传和教育方式来提升环境意识，加强城市废弃物管理的基础性、长期性工作。《环境意识与教育法案》将环境保护的内容纳入菲律宾教育体系的全过程，并承认青年在国家建设中的重要作用，国家应提高环境保护和生态平衡对国家可持续发展的重要性，目标面对学生、青年等，加强环境保护教育、此外，开展环境保护能力建设计划，如培训、研讨会等。

9.3 阿拉米诺斯市实现零废城市的具体政策安排

9.3.1 阿拉米诺斯市宣布和实施了“不分离、不征收”政策

居民的垃圾分类没有按照可回收和不可回收分开，他们将受到警告。在几

次警告之后，将被取缔收集。经过居民积极参与垃圾分类，阿拉米诺斯市已经看到整体废物量的显著减少，以及收集的废物中有机物和可回收物质的减少。阿拉米诺斯市垃圾分类显著减少，并节约了一个城市的垃圾管理成本，提高了城市形象和可持续发展能力。对于废弃物回收，乡村建立了废弃物回收设施，并与市政府合作，实施严格和定期的垃圾收集。

9.3.2 严格限制随意乱丢垃圾

2012 年，阿拉米诺斯市采用“反乱抛垃圾”法令，旨在通过制定需要最严格纪律的垃圾管理措施，在未来成为一个无废城市。严禁公众在公共场合投掷任何形式的垃圾。在该条例实施之前，由城市的信息、卫生、旅游、农业、公共管理、环境、工程和固体废弃物管理办公室以及警察局等开展了公共教育和信息推广活动。阿拉米诺斯市要求房屋、营业所有者和摊主将他们的区域清理干净，并妥善隔离产生的垃圾。即使是在城市中行驶的公共事业车辆的操作员、司机也应保持其车辆的清洁，并在其车辆内提供适度的垃圾箱。违反“乱抛垃圾”法令的人将面临罚款，视违法的严重程度而定。对于非法倾倒大件废弃物、工业废弃物和其他类似性质的废弃物，违规者应承担额外运输费。

9.3.3 强化垃圾分类宣传，加强市民垃圾分类能力建设

挨家挨户宣传，拿实物给居民展示如何分类投放，提升市民的法律意识、分类投放意识和保护生态环境意识。实践证明，这样的垃圾分类有利于从源头进行垃圾分类收集、分类处理，是更有效的垃圾减量方法。垃圾袋是城市废弃物的重要来源，该市已考虑禁止使用塑料袋，但尚未通过正式立法。该市定期为市民和农民，以及地方官员和决策者举办垃圾分类的培训，加强对垃圾分类的科学认知和实践能力。

9.3.4 加强城市废弃物的科学研究和垃圾处理基础设施建设

为加强阿拉米诺斯市垃圾问题的研究和讨论，提升全民的科学素养，阿拉米诺斯市大力加强科学研究和科普宣传。凭借极高的垃圾分类和堆肥率，阿拉米诺斯市已成为菲律宾其他城市废弃物管理的引领者。为了解决日益增长的废物量，阿拉米诺斯市计划拿出银行贷款，投资一个废物转化设施。根据阿拉米诺斯市废物管理方案，政府需要采购公共固体废弃物处理设备和机器，包括垃圾车和垃圾桶等。

9.3.5 加强城市垃圾拾荒者在无废城市建设进程中的重要作用

随着城市废弃物的增多，以及阿拉米诺斯市对拾荒者工作条件的改善，城市垃圾拾荒者的数量持续增加。随着“不分离、不收集”的垃圾回收政策的施行，混合在一起的废弃物更少了，拾荒者可以更安全地回收可回收的垃圾。拾荒者可以将收集的垃圾以固定的价格售给城市垃圾回收商，实现共赢。

9.3.6 村级堆肥是阿拉米诺斯市加强无废城市建设的基础，城市旅游驳船建造了生态棚屋，为残余、危险和少量可回收废弃物提供临时储存，也为妥善处理旅游行业创造了新场所

在政府的积极支持下，农民们接受了有机肥生产技术培训，此外，学校也广泛对中小学生进行堆肥技术的教育，这为更广泛的科学废弃物处理奠定了基础。阿拉米诺斯市是一个旅游城市，且存在大量驳船，因此，关于驳船及其商业活动产生的垃圾是需要重视的。驳船产生的垃圾，随后经生态棚屋带到城市材料回收设施进行处理或长期储存（如危险废弃物）。

9.3.7 阿拉米诺斯市和非政府组织保持密切合作，共同推动环境治理

阿拉米诺斯市的废弃物管理实践较好的一部分得益于国际非政府组织

（NGO）。全球焚化炉替代品联盟（Global Alliance for Incinerator Alternatives，GAIA）积极向阿拉米诺斯市捐赠废弃物处理设备，如有粉碎机和塑料粉碎机，这可以将塑料垃圾等制作成砖块和空心砖，这些砖块和空心砖现在被用于市中心商业区的公园、广场和天桥上。

参考文献

[1] Alaminos 10-year Solid Waste Management Plan.Facts And Figures by 2010，City of Alaminos，Pangasinan，Philippines.Field visits and interviews by the author.Republic Act 9003，Chapter Ⅱ，Section 12.

[2] Anne Larracas and GAIA，Zero Waste from Dream to Reality in the Philippines，http：//www.no-burn.org/zero-waste-from-dream-to-reality-in-the-philippines.

[3] 蒋细定.菲律宾生态环境恶化问题[J]. 南洋问题研究，1991（3）：85-92.

[4] 告诉你一个真实的菲律宾固体废弃物管理现状[EB/OL]. 北极星固废网，http：//huanbao.bjx.com.cn/ news/20171107/860030.shtml.

[5] Zero Waste Ordinance of the city of Alaminos，http：//www.alaminoscity.gov.ph/public- service/local-policies/Legislative%20Issuances/CityOrdinances%20-%20ENACTED/2009Ordinances/AlaminosCityOrdinance2009-05.pdf.

10 意大利卡潘诺里市

摘　要：意大利卡潘诺里市是欧洲无废城市的领军者，垃圾回收率在80%以上，该市实现无废城市的管理机制包括科学的管理理念、从先试点到普遍推进的政策方式、垃圾管理主体的共同协作、政府与企业合作等。意大利废弃物管理法律法规建立在欧盟相关法律法规框架之上，从总体来看，意大利废弃物管理法律法规体系比较全面、包括对市民生活垃圾、工业废弃物、危险废弃物等相关规则。卡潘诺里市还设置一项废品税；意大利《反食品浪费法》为反对食品浪费和食品废弃物回收有了强有力保障；卡潘诺里市严格的生活垃圾分类制度为无废城市建设创造了良好条件。卡潘诺里市为实现无废城市的具体措施和方案成效显著，例如，让居民参与无废城市政策制定和执行、将垃圾卖给回收工厂，采用“门到门”的垃圾回收策略、积极预防废弃物产生、设立欧洲首个无废弃研究中心、加入无废弃物欧洲联盟等，这些措施都为卡潘诺里市带来了长足进步建设无废城市，有了长足的发展。

10.1 卡潘诺里市城市垃圾管理历史和现状

卡潘诺里市（Capannoli）是意大利比萨省的一个市，总面积约为 23 km^2，人口约 6 000 多。卡潘诺里市是欧洲回收利用废弃物工作做得最好的城市之一，卡潘诺里的有关部门报告了创纪录的 80%以上垃圾回收率。卡潘诺里市宣布了一项处理垃圾的新政策，将致力于在未来将垃圾减少到零。意大利卡潘诺里市见图 10.1。

图 10.1　意大利卡潘诺里市

图片来源：谷歌地图。

随着卡潘诺里市理事会第 44/06/2007 号决议，卡潘诺里市政当局努力在 2020 年达到无废城市的目标，见图 10.2。

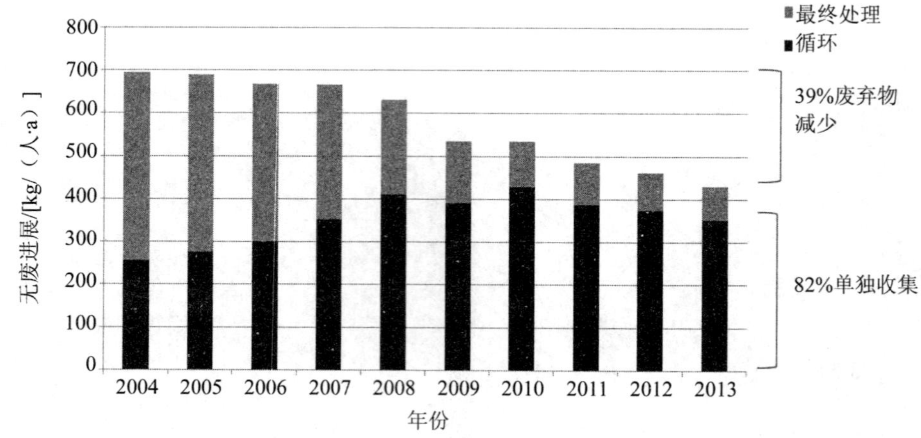

图 10.2　2004—2013 年卡潘诺里市无废进展

数据来源：Tuscany region。

10.2　实现无废城市的管理机制

10.2.1　科学的无废城市管理理念

一般而言，城市废弃物管理原则秉持“谁产生、谁负责”的基本理念，如何鼓励市民积极参与和贯彻落实城市垃圾分类政策，卡潘诺里市坚持垃圾投放实名制原则，可以进行追责和奖惩。此外，卡潘诺里市坚持对城市居民产生的垃圾进行收费原则，对产生大量垃圾的居民，采取更多的付费措施。

10.2.2　从先试点到普遍性推进的方式

卡潘诺里市从一个有 600 名居民的社区，开始试点无废城市项目，将在试点实施阶段中积累的经验和教训，为更大范围内实施政策创造良好基础，市政府和它的公共市政公司 ASCIT SPA Servizi Ambientali 再将这个项目推广到所有的市政领域逐步进行。通过这样的方式，显著减少无废城市政策实施阶段出现的问题，显著提升城市整体垃圾回收率。

10.2.3 垃圾管理主体的协作

卡潘诺里市政府在执行这项政策方面的伙伴是ASCIT SPA Servizi Ambientali，形成了与城市垃圾回收和再利用及填埋（或能源化利用）的协作关系。政府与企业合作关系还体现在无废城市项目融资上面，卡潘诺里市垃圾处理设施主要采用政府、企业共同投资，政府控股，政府成立专业公司运营的方式，这样为无废城市实践提供了重要的资本保障。卡潘诺里市的居民、无废城市协会、垃圾回收工人和二手市场等共同参与城市废弃物管理，各自在不同的流程采取相关措施，形成了一个利益和责任共同体。市政府在许多公共空间的一系列公共集会中，对公民等解释了无废城市的新政策，并让人们以新的方式来管理垃圾。

10.3 实现无废城市的法律法规

10.3.1 意大利卡潘诺里市废弃物管理法律法规

卡潘诺里市废弃物法律法规整体上比较全面和细致，且对不同类型的废弃物进行编号处理。卡潘诺里市废弃物管理法律法规体系比较全面、分类也较细，包括生活弃弃物、产品包装废弃物、工业废弃物、危险废弃物等，而且于1997年开始实行废弃物编号体系，每类废弃物都对应一个编号，这样更有利于废弃物的管理，形成了一体化管理，实现了废弃物从生产和最终处理的全过程管理。卡潘诺里市废弃物管理法规总体上坚持减量化、源头治理和分类处理的基本原则，大力倡导废弃物的再利用办法。就垃圾分类而言，卡潘诺里市每一个垃圾投放点都设有不同类型的垃圾箱，为居民投放垃圾带来了便利。居民如有大件垃圾，市政府可免费运到城市垃圾处理中心。如果居民随意丢弃大件垃圾，将面临法律问责。此外，对于垃圾填埋，意大利采用欧盟填埋高技术标准，填埋过程中回收垃圾产生的沼气，再用沼气能源化利用。

10.3.2 卡潘诺里市设置一项废品税，鼓励居民减少不可回收垃圾的数量

废弃物垃圾处置税指的是意大利政府 1984 年开征的一种对一切单位征收的税，纳税人包括居民和工厂、企业、机关等一切单位。税额的确定，以能够支付处置废弃物垃圾的费用为原则。废弃物垃圾处置税是一项鼓励居民减少不可回收垃圾的数量的税，提升居民对城市废弃物管理的责任和关切，也形成了一种城市废弃物管理利害相关的共同体意识。

10.3.3 意大利《反食品浪费法》为反对食品浪费和食品回收创造有力保障

2016 年意大利通过《反食品浪费法》，限制食品浪费和加强食品废弃物回收。实际上，厨余垃圾是城市废弃物的重要来源，如何有效遏制厨余垃圾的增量，减少厨余垃圾产生。《反食品浪费法》鼓励餐厅向消费者提供打包袋，大幅简化食品包装等，为无废城市建设做出了重要贡献。

10.3.4 卡潘诺里市设置了严格的生活垃圾分类制度

城市生活各类垃圾是不可以乱放的，卡潘诺里市持续地宣传使更多的市民认识到自己的个人行为对环境可能造成的破坏。鼓励市民坚持从自身做起，坚持对身边的生活垃圾进行分类。意大利生活垃圾分类（见表 10.1）。

表 10.1 意大利生活垃圾分类

生活垃圾分类	颜色	回收
纸类	黄色	两周收一次
塑料	浅蓝色	一周收一次
玻璃	蓝色	两周收一次
厨余垃圾	深棕色	一周收两次

生活垃圾分类	颜色	回收
干式无法分类，不可回收类	灰色	一周收一次
花草，林木类	浅棕色	一周收一次
柏林	蓝色	两周收一次

数据来源：意大利环境、领土与海洋部 2018。

10.4 实现无废城市的具体措施和方案

10.4.1 远大的无废城市愿景指导

卡潘诺里市希望到 2020 年达到无废城市的总目标，并不断朝着这个目标深化改革持续推进。根据无废欧洲（Zero Waste Europe）的数据显示，欧洲整体上约 40%的城市废弃物得到了再循环和再利用。尽管欧洲各个地方都面临着城市废弃物管理的严峻挑战，卡潘诺里市以其远大的无废城市愿景和积极有为的实践，被很多欧洲城市作为废弃物管理的榜样。

10.4.2 积极预防废弃物产生

随着卡潘诺里市废弃物计量收费制度的推广，城市人均产生的垃圾量显著下降，并且呈现出持续下降的态势。从 2011 年开始，卡潘诺里市加大废弃物回收利益的投入，鼓励市民将类似于家具和电器的城市废弃物维修或出售，积极减少城市废弃物的产生，加大力度建立永久性市场交换二手物品。此外，卡潘诺里市挨家挨户回收家庭垃圾，显著提高了城市废弃物的回收率和再循环利用率。

10.4.3 卡潘诺里市建起了欧洲首个无废研究中心，减少产品设计造成的浪费

2010 年，卡潘诺里市建起了欧洲首个无废研究中心，致力于无废城市建设

的人才培养、技术开发、理论和实践创新等。环保组织、科学家和市民等可以参与管理和研究等事务。此外，无废研究中心大力向全市普及垃圾再利用的价值观和方法技术等，积极开展技术培训工作，为市民、更好地建设无废城市提供智力、技术和人才支持等。

10.4.4 加入无废欧洲联盟，欧洲城市走向无废弃物管理网络化发展

自 2011 年以来，欧洲无废组织一直在自愿的基础上开展合作，组织各种活动。意大利、匈牙利、西班牙、法国、瑞士、斯洛文尼亚、捷克、罗马尼亚、丹麦、黑山、奥地利、波兰等 25 个国家都相继加入无废欧洲网络。无废欧洲网络正在引起一场迅速发展的城市废弃物管理变革，这里包括社区、地方领导、企业专家、影响者和其他“变革推动者”，使命是增强欧洲变革推动能力，重新设计其与资源的关系，采用符合循环资源管理、更明智的生活方式和可持续的消费模式。

参考文献

[1] The Zero Waste Solution. https：//connpirg.org/sites/pirg/files.

[2] Sustainable Business Council. Zero Waste Guide .https//www.sbc.org.nz/__data/assets/pdf_file/0005/.../Zero-Waste-Guide.pdf.

[3] Zaman A U. A Strategic Framework for Working toward Zero Waste Societies Based on Perceptions Surveys[J]. Recycling，2017，2（1）：1.

[4] Zaman A U. A comprehensive review of the development of zero waste management：lessons learned and guidelines[J]. Journal of Cleaner Production，2015，91：12-25.

[5] Curran T，Williams I D. A zero waste vision for industrial networks in Europe[J]. Journal of hazardous materials，2012，207：3-7.

11　日本北九州市

摘　要：北九州市从20世纪90年代开始以减少城市废弃物、加强资源循环型社会为主的生态城市建设，具体的零废弃物排放的生态城市建设构想。日本北九州市的环境治理实践曾经受到联合国表彰，创造了全球知名的北九州模板。北九州市形成了环境局指导、北九州市环保公司的规范处理、废弃物管理网络化共治、公民积极参与的总体合作机制。近半个世纪以来，日本北九州市积极推行废弃物减少、重复使用、循环利用的“3R”运动，以促进城市废弃物循环利用，持续制定和完善重点废弃物领域的政策法规，包括采用废弃物分类收集、使用专门的生活垃圾袋，将废弃物在指定的时间扔到指定地点，对未按规定扔出的垃圾将不予回收等措施。同时积极宣传环境保护和废弃物管理理念、重视环保科研及人才培养、打造北九州市零碳社区和北九州市的生态镇中心等废弃物管理示范项目、加强废弃物管理国际合作和对外宣传。北九州市废弃物管理科学、严格、细致，加之民众高度自觉，使北九州市垃圾分类和废物管理领先世界。日本北九州市的“无废城市”建设持续推进，在环境治理方面在国内国际的影响力持续提升。

11.1　北九州市城市废弃物现状

11.1.1　城市概况

北九州市（きたきゅうしゅうし）位于日本九州的经济中心福冈县，也

是北九州工业地带的中心都市，位于九州岛最北端，城市面积约 490 km^2，人口约 97 万（2017 年），是日本九州人口规模第二大的城市。北九州市是日本的政令指定都市，在行政上享受高度自治权。北九州市是明治时代工业革命的起点，是日本最主要的工业城市之一，工业和制造业发达。2014 年，北九州市的市内生产总值有 35 358 亿日元（约 2 141 亿元人民币），三次产业比例为第一产业 0.4%、第二产业 35.9%和第三产业 63.7%，北九州市服务业占比最大见图 11.1。

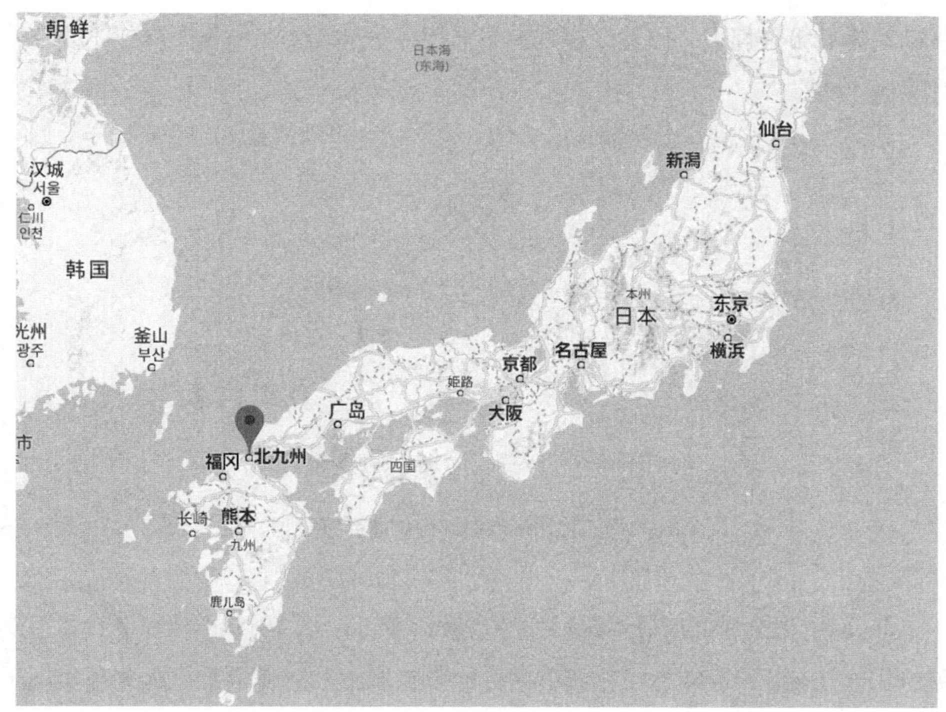

图 11.1　日本北九州市

图片来源：谷歌地图。

11.1.2　北九州市废弃物概况

从历史上看，北九州市经济发展迅速，工业发展曾经对环境造成严重的破坏，走过了先污染后治理的工业化发展道路。北九州市随着城市人口的聚集、工业迅猛发展，城市废弃物高速增长，城市大量废弃物无法得到科学有效的安置和处理。由于日本总体上土地资源非常匮乏和经济发展需求强烈，在日本无法大量和可持续堆放或填埋城市废弃物，这促进了北九州市政府和人民加强资源节约和环境保护的行动。

根据日本 1970 年通过的《废弃物管理和公众洁净法》，固体废弃物大体上分为城市（生活）废弃物和工业废弃物，[①]工业废弃物以外的所有固体废弃物被确定为城市（都市）固体废弃物或生活废弃物。北九州市都市固体废弃物管理见图 11.2。

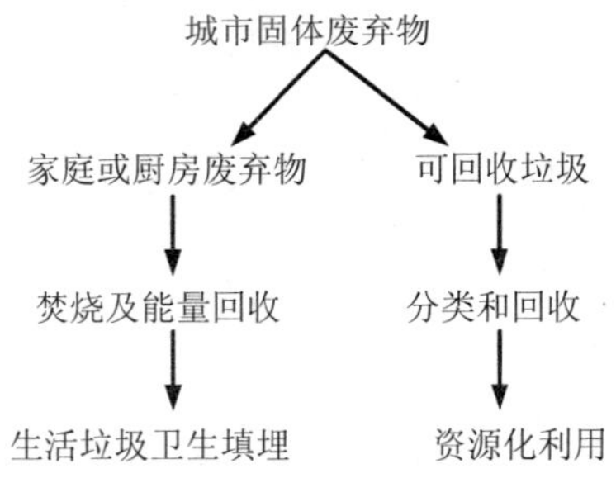

图 11.2　北九州市都市固体废弃物管理

2008 年北九州市被日本认定为环境模范城市，在 2011 年被经济合作与发展组织（OECD）选定为绿色城市项目的模范城市，总体上看北九州市实现了环境治理（Environmental Governance）向环境善治（Good Environmental Governance）转型。2016 年日本全国生活废弃物焚烧处理占比为 80.3%，资源化处理占比为 18.7%，直接填埋占比为 1%。北九州市家庭废弃物回收比例见图 11.3。北九州市废弃物总量见图 11.4。

① Regulations of Waste Management and Public Cleansing Law. Ministry of Environment of Japan. https：//www.env.go.jp/en/laws/recycle/03.pdf.

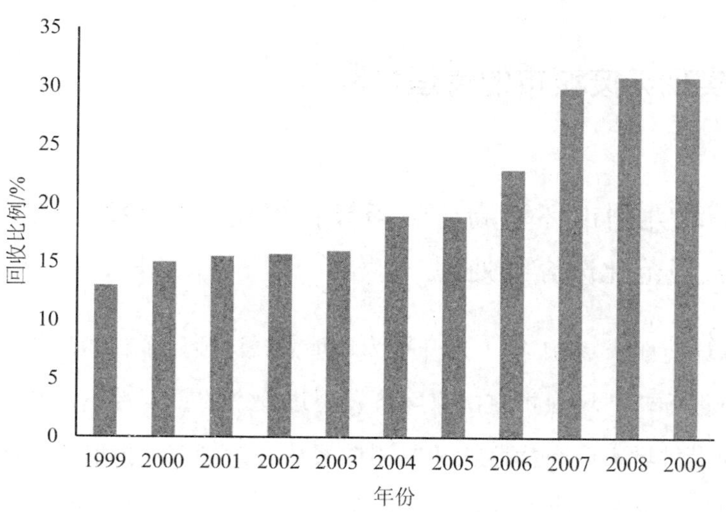

图 11.3 北九州市家庭废弃物回收比例

数据来源：北九州市报告《什么使一个城市成为一个生态城市》，2013。

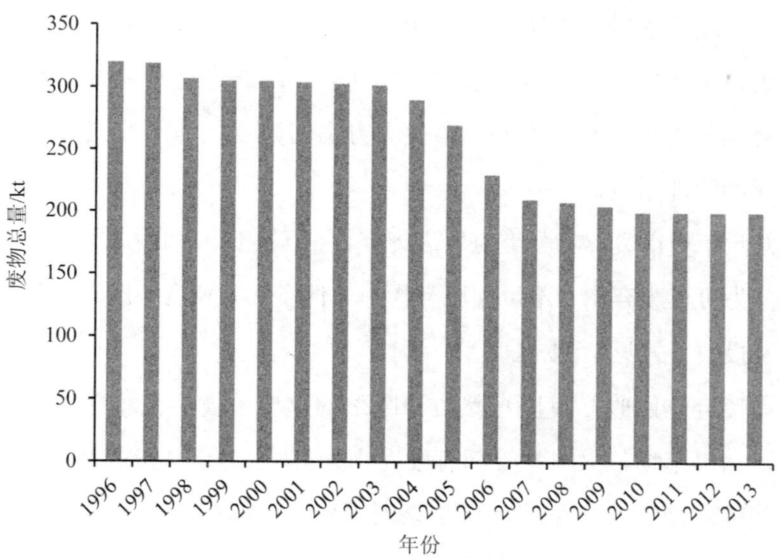

图 11.4 北九州市废弃物总量

数据来源：北九州市环境局，2014 年。

11.2 实现无废城市的管理机制

11.2.1 北九州市环境局科学指导：严格、科学废弃物分类以及流程化、规范化废弃物处理

日本环境厅于2001年1月升格为环境省，这凸显了日本环境主管部门的规格日益提升，环境保护在国家经济发展进程中的重要性更加紧迫。北九州市环境局提供城市废弃物监管和监测框架，并指导企业控制工业废弃物产生和适当回收及处置。此外，北九州市政府相关主管和公共机构检查工业活动，并确保废弃物管理的可追溯性。此外，北九州市政府经常进行实地调查研究，了解本市工业废弃物产生和处置情况。北九州市政府规定市民在扔垃圾的时候需要将垃圾放入专用垃圾袋[①]中，在指定的日期扔到指定地点，对未按规定的扔垃圾将不予回收。基本计划的长期远景和战略方针从地方政府可以表达的政治意愿和提供机会的不同利益攸关方之间建立共识和协议，有助于执行新的废弃物管理系统。

北九州市城市废弃物分类为生活废弃物、工业废弃物两大类。其中，生活废弃物分为可燃废弃物、不可燃废弃物、大件废弃物和资源废弃物。具体的分类体系及投放方式见表11.1。

城市废弃物回收是克服自然资源匮乏的重要手段，在北九州的一般性公共场合，如停车场、火车站等都有废弃物分类回收箱。1998年，北九州市引入了收费的垃圾袋收集系统，这是该国规模较大的城市首次尝试这种系统。居民被要求购买指定（垃圾）袋，把他们的家庭废弃物和其他分开，取得较好的效果。

---

① 指定袋。

表 11.1　具体的分类体系及投放方式

城市生活分类体系	具体投放方式
可燃废弃物包括厨余、报纸、纸箱、纸盒、杂志、旧布料等	放入市指定的垃圾袋丢弃
不可燃废弃物包括金属、玻璃、破碎的家电制品、陶瓷器、塑料等	放入透明或半透明的塑料袋丢弃
大件废弃物包括家电类、金属类、家具类、自行车、陶瓷器类、不规则形状的罐类、草席等	首先，测量废弃物的大小①；其次，按照长度交完大件废弃物处理费用之后丢弃
资源废弃物包括饮料瓶、茶色瓶、无色透明瓶、可以直接再利用的瓶类	罐清空后冲洗，然后放入透明或半透明的塑料袋丢弃

日本环境省关于不同废弃物处理的总体规定，对城市主要废弃物进行总体规划和安排。就家电回收而言，对于要确保适当处理废弃物以及有效利用资源，一般分为排放、收集运输和再商品化三个过程，对政府、企业和消费者不同的责任进行具体明确的归属，实现了家电回收利用的科学链接。家用回收利用法的制度概要见图 11.5。

容器包装回收利用法的制度概要见图 11.6。

关于占家庭大部分的容器包装类废弃物，为了促进回收利用，容器包装回收利用法为此做了完善的制度规定。采取消费者分类投放，市政府等机构分类收集，由企业在进行再商品化。小型家电回收利用法的制度概要见图 11.7。

小型家电的回收，首先由受政府许可的企业进行拆卸，按照金属和塑料的种类进行分类，合理化回收资源。

① 最长部分的长度为 50 cm 以上的物品被认定为大型废弃物，2 m 以上以及 70 kg 以上的物品不收集，需要预约大件废弃物受理中心处理。

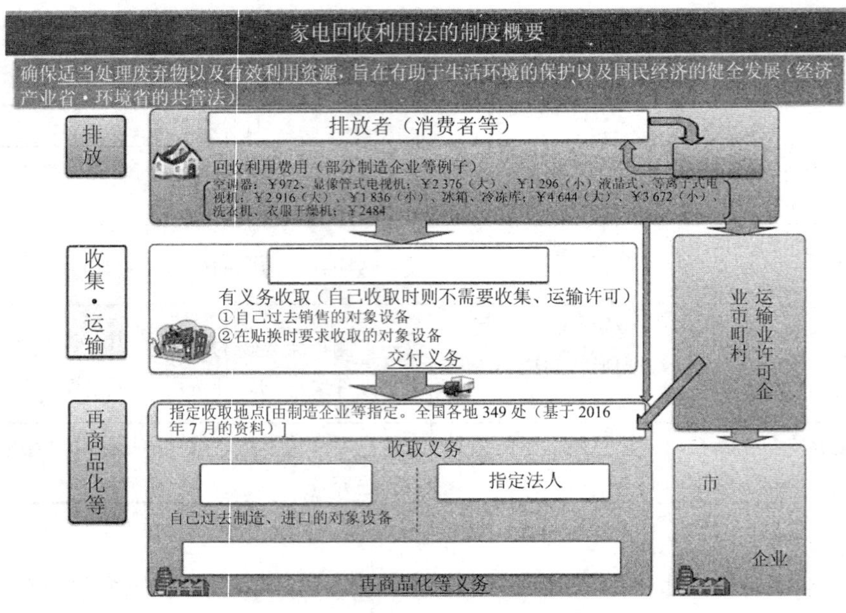

图 11.5　家用回收利用法的制度概要

容器包装回收利用法的制度概要

关于占大部分家庭垃圾（容积比约 60%、重量比 20%～30%）的容器包装废弃物，为了通过促进回收利用确保其减量及资源的有利用，对下列再商品化义务对象品目建立再商品化等机制。

关于从家庭出来的容器包装废弃物，采取由消费者分类投放，由市町村分类收集，由企业进行再商品化的相关者的适当分工的方法促进回收利用。

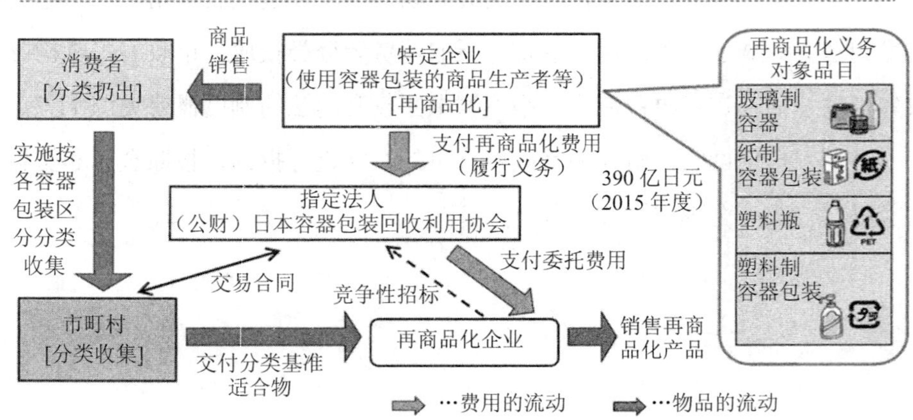

图 11.6　容器包装回收利用法的制度概要

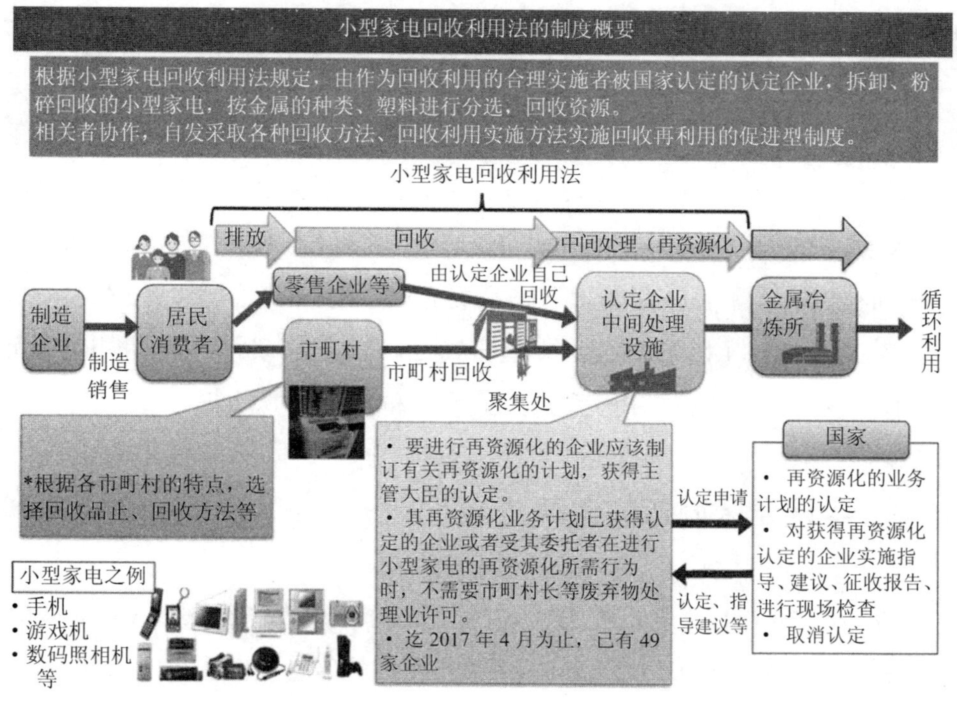

图 11.7 小型家电回收利用法的制度概要

11.2.2 北九州市环保公司及其产业链：科学、规范和合作的废物处理

居民将其家庭和可回收废弃物放入指定回收点。每个回收点有蓝色网覆盖的废弃物，以防止动物进入。居民自愿负责打扫卫生、管理和监控废弃物的集中地。城市废弃物收集使用三种不同尺寸（大、中、小）的废弃物收集和运输车辆。此外，城市废弃物回收也加强了社区交流和合作，政府也为志愿者推动垃圾回收工作提供财政奖励。

11.2.3 以市民参与为中心的城市废弃物治理机制，搭建废弃物管理的网络化共治体制

北九州废弃物治理得以顺利开展和取得重要进展，关键在于北九州市政

府、企业和市民之间和谐的关系。特别是市民的力量，市民已经成为北九州废弃物治理进程中的关键角色，成为一个广泛而又积极的社会性力量，持续推动北九州市废弃物治理。还有一个重要措施就是政府为了加强与市民的互动，将废弃物治理信息向市民开放，加强信息共享；企业也做到信息公开，让市民加深对废弃物处理流程的理解和认知，使市民可以监督和督察其工作。此外，北九州生态工业园区的建设，虽然是有政府倡建，但是企业、科研和社会团体的积极参与和主人翁心态，形成了协作式管理和运行方式，不仅加强了政府、企业和市民之间的合作，也推动了废弃物治理迈向高效、科学和可持续的新进程。

11.3 实现无废城市的法律法规

20 世纪 70 年代，北九州市还没有正式设立环境厅编制，就设立了公害对策局来应对日益严重的环境问题，并发布了极为严格的《北九州市公害防治条例》来管理环境问题。为了应对城市废弃物对环境的破坏，需要对废弃物进行无害化处理，其集中在技术升级和资源再利用。近几十年来，日本北九州市政府持续加强对城市废弃物管理的立法，不断使废弃物管理更有效率和更加科学。20 世纪 90 年代，北九州市率先提出建设废弃物治理和循环利用替代处理政策，这项政策不仅减少了废弃物对环境的危害，而且通过科学处理，加强了循环利用，让废弃物再资源化。

日本政府提出建设资源循环社会，通过“3R”运动，降低资源消耗，提升资源再利用率，日本在推动国家资源循环利用上取得了长足的进步，通过推进资源循环社会加速发展，谋求从高生产、高消费和大量废弃型的经济社会发展成为环境与经济并重的资源循环社会，在国际上处于引领地位，通过国际交流和协作，也为日本博得较好的声誉。

从 20 世纪 90 年代开始北九州市以减少城市废弃物、加强资源循环型社会为主的生态城市建设，提出零废弃物排放的生态城市建设构想，持续加强生态环境产业的建设、生态环境新技术的开发、培养生态环境政策、环境技术方面的人才为中心的生态环境发展基地。此外，北九州市政府还积极制定了对工业废弃物征税的条例，以促进废弃物的减量化和资源化。

11.4 实现无废城市的具体措施和方案

11.4.1 北九州市将促进环境行动作为城市居民学习的必须内容

这些活动的重点是建立一个关心“3R”资源和废物管理的原则。该市开展宣传活动，通过各种环境活动，在环境保护理念指导下，北九州市最先建立起生态工业园区即生态镇（Eco-Town）。建立的目标是经济环保化，环保经济化，实现资源的循环利用。在生态镇，居民可以认知塑料的回收利用及制作衣服的流程，汽车拆解回收的过程，对资源的回收再利用和清洁能源的开发等有了全新的认识。

11.4.2 政策和财政支持废物收集管理

北九州政府建立了生态镇补偿金制度，资助进驻企业部分建设费用，此外，通过对土地和项目立项等进行一系列补贴和支持。企业在申请废弃物治理设备和“3R”项目时，政策性银行给予融资优惠。北九州市政府大力支持北九州环境保护企业和废弃物治理回收企业的发展，提供了一系列便利的条件，加强环保产业集群化发展，让环保产业成为北九州市的支柱产业之一。

11.4.3 北九州市重视环境科研及人才培养

北九州市的工业化和城市化进程已近百年，科研和人才建设是其城市发展和竞争力的关键因素。20 世纪 90 年代，北九州市开始筹划建设学术研究城，为城市环境建设、可持续发展和无废城市建设提供智力支持，如早稻田大学、北九州大学等著名科研机构和多家著名企业进驻学术城，共同加强科学攻关和产学研协作，通过科研集聚优势，吸引了大量科研人才加盟和大量科研基地和实验室建设，不断推动无废城市向前迈进。

11.4.4 北九州市零碳社区和北九州市的生态镇中心等废弃物管理示范引领

北九州市的生态镇中心是为了综合支撑北九州生态镇事业的核心设施，另外也作为日本第一个有关垃圾处理厂的环境学习设施，向参观者介绍展示生态镇事业、生态镇内的再生工厂和研究设施。在馆内除了配备可以进行研修的会议室和废弃物研究设施以外，还展示了生态镇内的再生工厂和研究设施的展示厅，能够在那里看到并近距离接触到展品。北九州市生态城市的工程积极促进废弃物资源化利用，并创造了大量就业机会。

11.4.5 加强国际合作和对外宣传，同时积极面向来自北九州市的境外的废弃物分类宣传

环保友好城市（Green Sister City）是北九州特有的一项制度，旨在有效推动生态环境发展、扩大共同环境安全与利益，通过推动低碳社会建设、构建资源循环、培养市政人才等，在环保领域建立合作关系，以此为目的缔结城市间协定。为了进一步推进城市间的合作活动，北九州市建议并实现了城市间的网络，开始展开加盟城市间的环境合作事业，以实现亚洲地区的“环境先进城市”为目标。

11.4.6 北九州市规定市民需将生活废弃物装入专用垃圾袋（指定袋）并在指定日期投放至指定地点，对未按规定扔出的生活废弃物将不予回收

关于投放废弃物的规定，“分别大事典”中分别有英语、中文、韩语、越

南语四国语言记述的详细信息。在北九州市，相关部门会对怎么扔垃圾、何时扔垃圾、到哪里扔垃圾等问题做了详细的介绍。若做不到，等待你的将是处罚和舆论压力。日本北九州市是受气候变暖影响的重点区域，在全球加强气候治理和低碳发展的时代机遇下，日本北九州市推动本市低碳发展，加强环境保护，推动无废城市建设不断迈向新台阶。

参考文献

[1] 同窓会支援サイト-ゆびとま-https：//yubitoma.or.jp/index.php.

[2] 唐敦挚. 日本循环经济及其启示与借鉴[J]. 世界经济与政治论坛，2004（5）：21-25.

[3] 吕维霞，杜娟. 日本垃圾分类管理经验及其对中国的启示[J]. 华中师范大学学报（人文社会科学版），2016，55（1）：39-53.

[4] 王蓬. 日本北九州市治理环境污染的经验[J]. 发展，2008（6）：55-56.

[5] 李慧明，崔晓莹. 北九州市生态工业园区驶上循环型社会新干线[J]. 资源节约与环保，2006，22（2）：11-13.

[6] 董立延.迈向“国际环境首都”——日本北九州市公害对策与环境建设[J]. 学术评论，2014（6）：15-21.

[7] 张颖. 北九州产业废物的处理[J]. 环境科学研究，1998，11（3）：36-37.

[8] Solid Waste Management System of City of Kitakyushu，Kitakyushu City，3rd Asian Sanitation Dialogue，28 May 2014，http：//wastewaterinfo.asia/sites/ default/files/downloads/S5-03-Ikeda.pdf，Accessed.

第2篇

无废城市案例总结

“无废城市”的建设与经济社会发展、废弃物管理体系完善、废弃物处理技术提高等密不可分。国际社会对“无废城市”进行了近 20 年的探索。从第 1 篇中的 11 个案例可以看出，不同的资源禀赋、发展阶段、政治体制、管理水平、财政投入、社会形态等原因使得这些城市对“无废城市”的定义有所差别，建设“无废城市”采取的路径和方法也呈现出多样性。但另外，它们又具有共性的理念和相似的措施。本篇通过对比分析，总结出案例城市建设“无废城市”的经验、共性理念及典型做法。

2.1 “无废城市”的经验、共性理念及典型做法

2.1.1 明确“无废城市”的定义及量化目标，为无废城市建设给出明确预期

“无废城市”在国际上没有统一的定义，多数城市遵循国际组织“无废国际联盟”对其的定义，即“通过负责任地生产、消费、回收，使得所有废弃物被重新利用，没有废弃物焚烧、填埋、丢弃至露天垃圾场、海洋，从而不威胁环境和人类健康。”从废弃物最终处理的角度来看，该定义的核心是没有废弃物露天丢弃、焚烧或填埋。本书的大部分案例城市采用了该定义，包括旧金山市、温哥华市、奥克兰地区、布宜诺斯艾利斯市等。部分城市对“无废城市”的定义指没有废弃物被填埋，如马斯达尔城、卡潘诺里市、悉尼市等[①]。通过比较可以看出，对“无废”定义的核心差别在于是否采用焚烧方式处理废弃物，这和案例城市的实际情况密切相关，但不采用焚烧方式、将无废弃物焚烧或填埋作为最终的“无废目标”越来越成为国际主流。

虽然采用的定义不尽相同，但案例城市多通过循序渐进的方式，以 15～20 年为期制定减少焚烧或填埋量的量化目标，并且随着时间更新加大之前的目标，部分城市在制定中期目标的同时直接定出长期的无填埋或焚烧的最终目标见表 2.1。制定中长期的量化目标给出了建立“无废城市”的明确预期，有利于“无废”政策的稳步推进，为实现“无废城市”提供了保障。

① 本书第 1 篇的德国柏林市、日本北九州市因其在城市废弃物管理方面的成就，被外界或社会团体称为“无废城市”。但由于其政府并未明确“无废城市”定义及目标等，本篇第一二段不包括这 3 个城市。

表 2.1 “无废城市”定义及量化目标

城市	定义	量化目标	制定时间
加拿大温哥华市	无废弃物焚烧或填埋	到 2020 年无废弃物焚烧或填埋	2003 年
美国旧金山市	无废弃物焚烧或填埋	到 2020 年焚烧和填埋的废弃物比 2008 年减少 50%	2001 年
		到 2040 年无废弃物焚烧或填埋	2018 年
新西兰奥克兰地区	无废弃物焚烧或填埋	到 2040 年无废弃物焚烧或填埋	2018 年
斯洛文尼亚卢布尔雅那市	无废弃物焚烧或填埋	到 2025 年废弃物总量较 2014 年减少 50%，到 2025 年 78%的废弃物分类回收	2014 年
日本上胜町[①]	无废弃物焚烧或填埋	到 2020 年无废弃物焚烧或填埋	2003 年
菲律宾阿拉米诺斯市[②]	无废弃物焚烧或填埋	—	2009 年
阿联酋马斯达尔城	无废弃物填埋	该城目前仍在建，建成后（预计 2025 年）无废弃物填埋	2008 年
意大利卡潘诺里市	无废弃物填埋	到 2020 年无废弃物填埋	2007 年
澳大利亚悉尼市	无废弃物填埋	到 2030 年废弃物填埋率低于 10%，到 2050 年无废弃物填埋	2013 年
阿根廷布宜诺斯艾利斯市	无废弃物填埋	到2010年废弃物填埋量在2005年的基础上减少 30%，到 2012 年减少 50%，到 2017 年减少 75%	2005 年

① 由于个别原因，日本上胜町的案例未收录到第 1 篇，但由于其是“无废城市”的典范之一，本篇第一二节纳入其相关内容。

② 阿拉米诺斯市没有制定量化目标，而是制定的定性的目标，具体内容参考第 1 篇案例部分。

2.1.2 立足本国本地实际情况，纳入合适的废弃物类型

从全球范围来看，决定建立“无废城市”的多为发达国家，但是也有部分发展中国家。不同的政治愿景、管理体制、废弃物现状、废弃物管理体系等决定了纳入“无废”的废弃物种类有所不同。部分城市如旧金山市、温哥华市、马斯达尔城、悉尼市、奥克兰地区纳入的是所有城市废弃物，部分城市如卡潘诺里市、卢布尔雅那市仅纳入生活废弃物，本书收录的案例城市中仅有菲律宾阿拉米诺斯市纳入了城市废弃物和农业废弃物，具体信息见表 2.2。值得一提的是，部分的城市废弃物包括生活废弃物、建筑废弃物、工业废弃物、商业废弃物等；部分城市由于以服务业为主，因此其城市废弃物不包括工业废弃物。此外，由于采用的分类方式不同，部分城市的商业废弃物不单列，仅作为生活废弃物的一部分。

表 2.2 “无废城市”纳入的废弃物类型

案例城市	纳入的废弃物类型
加拿大温哥华市	城市废弃物，包括生活废弃物、建筑废弃物
美国旧金山市	城市废弃物，包括生活废弃物、商业废弃物、建筑废弃物
新西兰奥克兰市	城市废弃物，包括生活废弃物、商业废弃物、建筑废弃物、工业废弃物
斯洛文尼亚卢布尔雅那市	生活废弃物①
日本上胜町	生活废弃物
阿联酋马斯达尔城	城市废弃物，包括生活废弃物、建筑废弃物
意大利卡潘诺里市	生活废弃物
澳大利亚悉尼市	城市废弃物，包括生活废弃物、商业废弃物、建筑废弃物
阿根廷布宜诺斯艾利斯市	城市废弃物
菲律宾阿拉米诺斯市	城市废弃物，农业废弃物

① 卢布尔雅那市的城市废弃物直接按可循环利用、有机等方式细分为 9 类，并未按生活废弃物、建筑废弃物等类别划分。但该市纳入“无废目标”的废弃物类型大致等同于其他城市的生活废弃物，因此，为了便于比较，本表直接写为生活废弃物。

2.1.3 遵循废弃物避免、减少、重复使用、循环利用、能量恢复、填埋的处理优先级顺序

建立“无废城市”的基础是废弃物管理。在废弃物避免和减少方面，案例城市通过立法、培训等方式要求、鼓励废弃物产生者（家庭、企业等）担当责任及采取措施，以避免和减少废弃物的产生。在重复使用和循环利用方面，案例城市配有循环中心或是回收利用中心，以加强重复或循环使用废弃物。在能量恢复方面，案例城市具有堆肥厂、焚烧厂等，以获取废弃物的能量。最后，在填埋方面，对于不能按以上方式处理的废弃物，案例城市修建了填埋场，以对废弃物进行最终处理，为节省成本，部分城市选择与邻近城市共用垃圾填埋场等。总之，案例城市基本遵循废弃物避免、减少、重复使用、循环利用、能量恢复、填埋的处理优先级顺序，并配以政策和软硬件支持。

2.1.4 将避免和减少废弃物产生体现在各个环节

2.1.3 提到，避免和减少废弃物是实现“无废城市”的重中之重。本书中的案例城市无不将这种理念贯穿到废弃物管理的各个环节。案例城市的政府、社会组织以及大型的废弃物处理商等对居民开展培训、进行公共意识传播，让居民了解废弃物避免和减少的具体措施及意义。旧金山市将黑色垃圾桶（用于收集填埋类生活废弃物）的容量定为最小，以鼓励减少此类废弃物。卡潘诺里市出售的本地产品不提供包装袋，以鼓励居民自行携带可多次使用的包装袋。温哥华市对每户家庭根据其垃圾桶的容量收取垃圾费，以鼓励减少产生生活废弃物。奥克兰地区对生活废弃物采取基于用于填埋废弃物重量（pay-as-you-throw）的收费模式，以鼓励合理分类并减少填埋废弃物。

2.1.5 制定合理的废弃物分类政策，并确保充足的硬件设施及明确标志

废弃物管理的基本是分类投放。由于城市案例的废弃物管理目标、废弃物类别、管理机制等不同，具体的分类投放方式差别较大。例如，美国旧金山市在住宅区采用的是简单的三色垃圾桶，蓝色垃圾桶收集可回收废弃物，绿色垃圾桶收集可堆肥废弃物，黑色垃圾桶收集用于填埋的废弃物，这种方式简单明了、便于居民分类投放，但后续需要废弃物处理企业进行分类挑选，以保证足够的回收利用。卢布尔雅那市则相对细分，该市将城市废弃物直接分为包装类、纸类、玻璃类、厨余和花园类、剩余类（residual）、大件类、有害类、废旧电子电器类、特殊类（建筑废弃物属于此类）九类，并要求居民将前五类投放至对应颜色的垃圾桶或对应颜色的垃圾桶盖，分别为黄色、蓝色、绿色、棕色、黑色。这种细分的投放方式需要对居民开展足够的引导和培训，并在垃圾桶上明确标志投放的种类，以确保居民的正确投放。

2.1.6 注重源头分离，尤其是有机废弃物的单独投放、收集和处理

2.1.5 中提到，案例城市均非常重视废弃物的源头分类投放，并配备有充足且指引明确的垃圾箱。与此同时，尽管案例城市采用的城市废弃物分类方式不同，但无一例外的将有机废弃物（包括厨余、花园废弃物等）列出来要求单独投放，并制定专门的方案单独回收（如上门回收）及处理。温哥华市政府专门出台了地方法则，要求所有家庭和商业企业将有机废弃物和其他废弃物分离开来，禁止将有机废弃物随意投放。奥克兰地区单独收集有机废弃物，并且设有 8 个有机废弃物处理中心。悉尼市单独收集有机废弃物，并后续采用堆肥等形式形成肥料。阿拉米诺斯市的 32 个村庄均具备堆肥设备，对有机废弃物加以处理利用。

2.1.7 鼓励重复使用和二手交易

多数案例城市有较完备的废弃物捐赠、修复或交易渠道，如捐赠中心、二手市场、交易网站等，并且具有较强的参与度。澳大利亚悉尼市的市民将购买二手物品作为日常购物的部分；卡潘诺里市通过举办木器培训班等方式鼓励市民修复物件，从而延长使用；卢布尔雅那市成立了重复使用中心，包括一个小商店、储藏室和维修室，提供低价的物品维修服务，并协助买卖二手物品，以鼓励居民不丢弃旧物并重复使用。对于建筑及工业废弃物，案例城市通过设定重复利用率和循环利用率确保这两种处理方式的执行。

2.1.8 培育城市的废弃物处理专业龙头企业

废弃物处理商是保证废弃物得以循环利用、能量恢复、无害化填埋等关键一环。案例中稍大规模的城市均具备专业的废弃物处理龙头企业，这些企业可以市政企业也可以是私营企业，但均具备完善的废弃物处理设备，并且具有较强的科研能力，不断引入新的技术和设备。与此同时，当地政府多与这些企业一起制定废弃物管理措施。旧金山市将垃圾箱放置、生活废弃物收集、处理（包括回收循环利用、焚烧、填埋）均外包给一家运营上百年的废弃物处理公司绿源再生公司（Recology），并与该公司一起制定该市的废弃物管理方案。温哥华市将生活废弃物处理业务外包给循环不列颠哥伦比亚公司（Recycle BC）。柏林市的城市废弃物处理基本由柏林清洁公司（Berliner Stadtreinigung）负责，布宜诺斯艾利斯市的城市废弃物处理主要由 CEAMSE 企业负责，卢布尔雅那市的城市废弃物处理主要由 Snaga 企业负责。

2.1.9 培育专业化精细化的废弃物处理公司

政府是建立“无废城市”的责任人，但由于废弃物的收集、运输、处理链条复杂，充分调动市场资本及专业技术有助于更有效的管理。由于政治体制及文化习惯不同，案例城市在引入市场参与及专业化管理的具体操作有较大的差异。例如，温哥华市、奥克兰地区等均具有众多的私营企业及非营利机构广泛参与到废弃物收集、运输、处理的各个环节。特别是，后者具有大量的针对不同废弃物种类的处理公司，既减少了环境污染又创造出了商业价值。

2.1.10 实施严格的行政措施

禁令、强制措施、收费等方式（多为法律形式）是实现“无废城市”的重要手段之一。案例城市针对不同废弃物制定不同禁令，主要包括以下几种方式：对建筑废弃物，禁止随意填埋，强制运输至专门的处理厂，强制重复及循环利用建筑废弃物并规定比例；对生活废弃物，禁止一次性物品（特别是一次性水杯、吸管、餐具等）使用、禁止塑料袋使用、禁止填埋厨余等有机废弃物，强制使用可降解堆肥的塑料袋、强制对生活废弃物分类投放等。“无废城市”在制定上述行政措施时，多采取循环渐进的方式，给市场和居民一定时间的缓冲期，但均在不断扩大禁止和强制的范围。

2.1.11 采用灵活的市场手段

灵活的市场手段有助于废弃物产生者的行为改变，间接为“无废”目标做贡献，同时也可以成为政府部门的部分收入。案例城市采用的市场手段主要包括正向激励和反向激励两类，反向激励类具体包括以下几种：一是向垃圾填埋厂按垃圾填埋量收费，以增加垃圾填埋成本从而促进减少填埋量；二是向生产塑料袋、包装、有毒有害物质的企业收费，以提高此类产品的成本；三是向购买塑料袋、包装的消费者收费，以减少对此类物品的消费。正向激励类主要包括以下几种：一是仅对填埋和焚烧类生活废弃物收费，以促进家庭减少产生此类废弃物，并对生活废弃物合理分类投放；二是对塑料瓶等采用押金制度，以鼓励消费者合理投放、促进后续回收利用；三是对修建废弃物处理厂的企业提供税收减免、低息贷款、场地等，以鼓励企业参与废弃物管理。

2.1.12 实施广泛的生产者责任制，加强生产企业对废弃物的回收处理

生产者责任制要求生产企业从产品的设计、材料挑选，到产品生命周期结束时对其回收处理。这不仅极大促进了废弃物回收处理，也促进了企业在源头便选择或生产对环境影响小的产品，是实现“无废城市”的重要手段之一。本书中的大多数案例城市采用生产者责任制，并且随着时间不断扩大生产者责任制覆盖的行业范围，如温哥华市在2017年新增打印纸张和包装，纺织品、地毯和家具，建筑及拆除材料等生产企业，预计通过已有的和未来将扩大的范围覆盖城市废弃物的50%。部分案例城市遵循国家设定的生产者责任制范围，如奥克兰地区根据新西兰环境部的规定要求对轮胎、电子设备、包装等行业企业对其产品进行回收处理。未采用生产者责任制的案例城市主要是因为没有或是少有工业企业。值得一提的是，由于各城市消费的产品很多来自其他城市或地区，因此需进一步推动生产者责任制在省级或国家级层面执行，才能更大程度增加废弃物的回收处理效果。

2.1.13 采用废弃物运输、处理等的新技术和手段

案例城市无一不是在探索、研究与应用废弃物相关的新技术。马斯达尔城作为阿联酋政府规划建立的新城，在设计废弃物运输体系时摒弃了传统垃圾运输车，而是修建了低能耗的地下平板货运系统，提升了运输效率也减少了人工成本。旧金山市引入了两箱式垃圾车，以同时收集可回收和可填埋废弃物并分开装车，这提高了垃圾运输的效率。卢布尔雅那市作为斯洛文尼亚首都，在2015年新建了先进的、针对有机废弃物的生物处理厂，将之前只能用于填埋的废弃物再次处理，从而增加了循环利用率并减少了填埋量。与此同时，绝大多数案例城市均在积极研究并引入可降解的材料，采用提升废弃物堆肥效率、焚烧效率的技术及硬件等。

2.1.14 为公众提供充分的信息及培训

充分的信息和公众意识的培养是废弃物管理最基础但又最重要的部分。案例城市在这方面具有表率作用，所有城市均开发了废弃物相关网页及 APP，以及对公众开展广泛且持久的培训。悉尼市开发的网页提供全面的废弃物管理、社区活动等信息，该页面也可供家庭填报申请或更换垃圾桶的请求；悉尼市从小学便开设环保课程，提供废弃物分类回收的知识。旧金山市开发了专门的废弃物网页和 APP，展示废弃物分类及处理信息，并启动数据库供信息查询，如废弃物投放站点位置、预约上门收集服务等；旧金山市为家庭和商业企业提供广泛的、多语言的、门到门的生活废弃物管理培训。卡潘诺里市在 2003 年成立了欧洲第一所“无废研究院”，除提供广泛的废弃物管理信息及研究外，还为学校、商业机构、公众等提供多种免费培训。

2.1.15 不断总结实践教训，持续完善废弃物管理制度和体系

绝大多数城市在决定建设“无废城市”前已具有数十年甚至上百年的废弃物管理经验，这为实现“无废城市”奠定了良好的基础。案例城市的废弃物管理体系基本是政府主导、生产企业负责、家庭分类投放、废弃物处理商负责收集运输及处理，商业企业、建筑企业、工业企业则多是单独签约专门服务商。从整体来看：一方面，大多数案例城市征收的垃圾费已经能够完全覆盖相关支出，废弃物管理进入了良性运转轨道；另一方面，受限于技术、制度、发展情况等，所有案例城市的废弃物管理仍有改善与提升空间，案例城市无一不是在不断总结经验教训，从废弃物管理的各个环节加以完善，如上述提到的采用高效的垃圾车、引入新的废弃物处理生物技术、引入更多的专业企业的参与等，此外，案例城市也结合国际国内发展目标，如结合《巴黎协定》气候目标等不断提高废弃物管理的协同性，持续完善废弃物管理制度和体系，提高环境治理的综合效果。

2.1.16 开展国际合作，学习与分享“无废城市”建设经验

国际上一些在城市废弃物管理、“无废城市”建设、循环经济等方面较为领先的城市组建了各种联合组织，并积极倡导国际层面的相关合作。案例城市均是在不断学习借鉴其他城市的经验中提高废弃物管理水平。卢布尔雅那市于2014年加入了“无废欧洲网络”、2016年加入“循环经济城市网络”，并和无国界生态学者、无废欧洲网络共同举办研讨会，讨论建设“无废城市”的机遇，这也有助于当地社区及企业不断创新。环保友好城市（Green Sister City）是北九州市颇有特色的一项制度，通过在环保领域建立合作关系，并以此缔结城市间协定，从而有效推动生态环境发展、扩大共同环境安全与利益。

除了上述建设“无废城市”的典型措施及做法，部分城市根据当地实际情况采用了较为有特色并且高效的方式，同样值得借鉴。

2.2 较为有特色并且高效的方式

2.2.1 将“无废”理念和民族智慧结合

奥克兰生活着大量的毛利人，奥克兰在阐释“无废”理念时将其和毛利人的传说相结合。毛利人认为地球母亲和天空父亲是人类的原始父母，他们的儿女将其分开并为世界带来了光明，并分别负责风、森林、植物、海洋等领域，这些领域交织创造了人类。毛利人关于宇宙起源的传说认为人类与环境本为一体，这和“无废”理念一脉相承。现代人类需要通过长期的行为改变，减少废弃物产生，并使废弃物不对环境造成负面影响。奥克兰将“无废”理念和毛利人的传说相结合，并且不断在居民中推广传播，产生了较强的认知度和接受度，有助于“无废”理念的推广和落实。

2.2.2 从垃圾分类开始，并进行上门（door-to-door）收集废弃物

斯洛文尼亚于2000年加入欧盟，在此之前，该国所有城市不进行垃圾分类，垃圾处理基本是填埋。加入欧盟后，由于需遵循欧盟较为严格的废弃物管理体系，该国才制定了新的废弃物管理体系，以加强废弃物的回收处理。卢布尔雅那市从垃圾分类开始，新增基础设施，于2002年在道路旁边放置垃圾箱，对应纸张、纸板、玻璃、包装及其他混合废弃物，以逐步培养居民生活废弃物分类的习惯。该市于2006年开始对生物类废弃物（厨余和花园废弃物）进行上门收集；并于2012年撤销了道路旁的垃圾箱，对纸张、纸板、包装、剩余类废弃物也进行上门收集。对于多户型和单户型的住宅楼，基本都是每栋住宅楼配备有针对包装类、纸类、生物类、剩余类垃圾桶。多户型住宅楼的居民共用这些垃圾桶。上门收集指对每栋住宅楼的垃圾桶进行收集。这大大提高了回收利用率，显著降低了废弃物填埋量。

2.2.3 重视城市拾荒者的纽带作用

布宜诺斯艾利斯的城市拾荒者是该市城市废弃物管理的重要一环。拾荒者挑选路边垃圾箱中的纸张、纸板、塑料、金属等可回收废弃物，运输并出售给相关加工厂。这增加了城市废弃物的回收循环利用，减少了填埋量。拾荒者在售卖可回收废弃物后也获得相应收入。布宜诺斯艾利斯市高度重视拾荒者对城市环境的贡献，拾荒者被认为是公共服务提供者，可在市政府登记，并能每月从政府获得约380美元的资助。拾荒者的行为也愈加专业化，从分散地收集城市废弃物，演变为逐渐负责一片区域。

2.2.4 建立社区循环中心，方便企业和家庭投放可回收利用废弃物

奥克兰已经建立了5个社区循环中心，计划还将建立7个。社区循环中心用于接受社区家庭的建筑废弃物、可循环利用废弃物、厨余等。社区循环中心

是奥克兰资源恢复网络的一部分，对该市建设“无废城市”起着关键作用。社区循环中心使得家庭能够方便投放上述废弃物，减少了错误或随意投放，增加了循环利用。与此同时，社区循环中心有助于创造环境、社会、文化和谐的社区，为当地居民提供就业机会。

总之，“无废城市”在全球范围内兴起了近 20 年，国际社会在建设“无废城市”的过程中已积累了相关经验，其典型做法值得借鉴。通过以上案例分析可以看出，由于资源禀赋、政治体制、管理制度、文化习惯等不同，因此，不同城市在对“无废城市”的定义、纳入废弃物种类有所不同，在建设“无废城市”过程中采取的路径和措施存在较大差异。但相同的是，这些城市均制定了长期且量化的“无废”目标，遵循废弃物避免、减少、重复使用、循环利用、能量恢复、填埋处理优先级顺序，并配备有对应的软硬件执行这一理念，不断完善废弃物管理体系、引入专业化的管理、引进新技术和措施、采用严格的行政措施和灵活的市场手段、加强各利益相关方参与、加强国际交流与合作等以实现该目标。从长远来看，建立“无废城市”需从传统的资源“开采—生产—消费—处理”的线性模式向循环经济模式转型，需促使从生产端到消费端的各利益相关方意识及行为改变，从而使建设“无废城市”成为城市治理、可持续发展、生态文明的一部分。

第3篇

联合国《全球废弃物管理展望》报告

摘　要：联合国环境规划署和国际固体废弃物协会于 2015 年 9 月发布了全球第 1 份全面研究全球废弃物管理的报告——《全球废弃物管理展望》（*Global Waste Management Outlook*）（以下简称报告）。该报告概述了全球废弃物的管理现状、趋势及挑战，并列出了废弃物管理相关的详尽政策工具和融资工具，为政策制定者提供了解决方案。本篇梳理了报告的主要内容，并根据世界银行集团 2018 年 9 月发布的《全球固体废弃物管理 2050 展望》更新了相关数据。

从废弃物产生量来看，全球每年产生的城市废弃物总量预计 70 亿 ~ 100 亿 t，建筑废弃物、生活废弃物、工业废弃物和商业废弃物分别占 36%、24%、21%和 11%（该比例为一部分 OECD 国家的比例）。其中，生活废弃物约为 20 亿 t，37%、17%和 11%的生活废弃物分别被填埋、循环利用和焚烧发电发热，仍有 33%未得到任何处理，各国的人均生活废弃物产生量与收入水平呈正相关。随着人口增长、城市化加速和经济发展，全球城市废弃物将继续增加；特别是中低收入国家的城市废弃物将显著增加，预计在 15 ~ 20 年翻一番。全球化促使工业企业向发展中国家转移，也导致发展中国家产生更多的工业废弃物。

从废弃物管理来看，管理不当将直接影响国家和地区社会环境和经济发展，且是造成气候变化的因素之一，2016 年废弃物导致的温室气体排放占全球温室气体排放的 5%。但部分国家受制于自身体制机制不健全及财政预算不足等因素，尚未建立起适当的废弃物管理体系。

报告列出了废弃物管理的政策工具，包括直接管制型工具，创收型、提供资金型、无收入型 3 种经济型工具，以及促进行为改变的社会型工具。直接管制在废弃物管理中必不可少，其主要依赖于政府立法和执行，需明确管制的领域、各方责任、如何合规、如何惩罚、具体标准等，对环境、卫生、资源恢复、废弃物处理等具体领域立法。经济手段主要是基于市场的手段，创收型工具基于污染者付费的原则，诸如征收垃圾费、向垃圾填埋厂焚烧厂征税等。提供资金型工具是激励机制，主要是政府通过税收减免、低利率的贷款等方式，鼓励废弃物处理商投资废弃物基础设施；通过补贴等方式鼓励废弃物处理商提升服务水平和采用新技术，以及提供资金鼓励废弃物研究。无收入型工具指政府确定废弃物管理需要达到的整体效果，采用合理措施，但不提供也不收取资金，诸如生产者责任制、排污权等。

报告为废弃物管理列出了融资工具。作为民生与公共服务，政府是废弃物管理的担责人。从政府角度来看，在考虑废弃物相关的融资时，主要需考虑“政府”与“废弃物处理商”的关系、“投资”和“收入”的关系。融资模式主要包括公共模式、废弃物服务商管理模式、B2B 模式、收入及投资模式等，以确保足够资金用于废弃物管理及废弃物基础设施建设和维护。

报告建议废弃物管理需达到 4 个目标：一是确保生活废弃物收集覆盖到所有家庭，消除所有露天垃圾场及避免露天垃圾焚烧，实现废弃物的可持续管理；二是确保有毒有害废弃物，尤其是化学品的强化收集及严格管理，避免未经处理进入大气、水、土壤中，国家和国际层面加强《巴塞尔公约》的执行；三是加强源头管理，强抓废弃物预防、废弃物减少、重复利用，以及回收用于再次生产，政府层面将废弃物管理提升为资源管理，并作为循环经济的重要一环，企业层面加强生产者责任制做好产品的回收利用，个体层面人人遵守减少废弃物、重复利用等原则；四是明确循环闭环，确保循环利用及能量恢复。循环利用是循环经济的重要部分，需做好源头废弃物分类收集，以达到最大的循环利用。在不能循环利用的前提下，需充分考虑能量恢复（即通过焚烧发热发电等）。

报告呼吁加强废弃物预防、分类收集和资源恢复等，摆脱“获取—制造—使用—废弃”的线性模式，而采用“减量—再利用—再循环”的循环模式。建议加强政府、家庭、企业和废弃物处理商等各方通力合作，加强体制机制建设，采取合理的政策和融资工具，建立符合当地情况的废弃物管理政策规划、法律法规和措施，并确保资金、技术及监管到位等。报告主要内容如下。

3.1 全球废弃物现状

3.1.1 全球城市废弃物总量为70亿～100亿t/a，建筑废弃物、生活废弃物、工业废弃物和商业废弃物分别占36%、24%、21%和11%

从废弃物类型来看①，建筑废弃物量最大，占总量的36%，其次为生活废弃物、工业废弃物、商业废弃物，分别占24%、21%、11%（见图3.1）。随着人口增加、城市化进程加快、经济发展，全球的城市废弃物呈现增长趋势；尤其是目前低收入的亚洲和非洲国家城市，预计其城市废弃物量将在15～20年内翻一番。全球化促使工业企业向发展中国家转移，也导致发展中国家产生更多的工业废弃物。

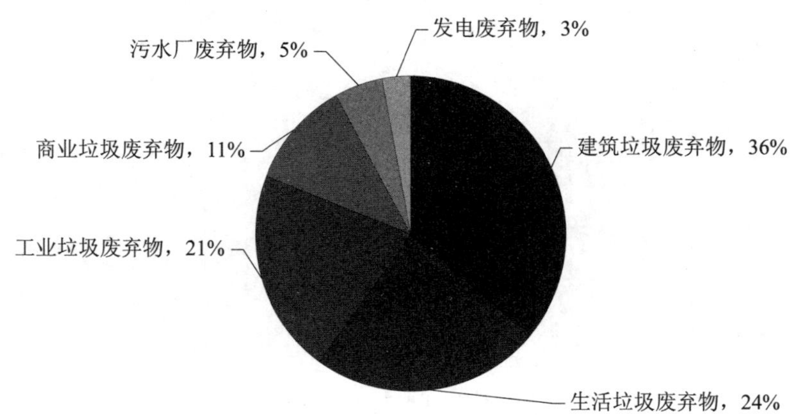

图3.1 2014年OECD国家的废弃物比例

数据来源：OECD国家报告。

①不同国家的垃圾分类不同，因此无法严格意义上比较各类垃圾量。本段的分类方法是大多数OECD国家采用的，图中数据为2014年OECD国家的数据。本段仅包括城市垃圾，不涉及农业、林业、矿业废弃物。

3.1.2 全球生活废弃物总量约为 20 亿 t（2016 年），人均生活废弃物量与人均废弃物量呈正相关

2016 年全球的生活废弃物总量约为 20 亿 t。国家的人均废弃物量与其人均收入水平成正比关系，高收入国家的人均生活废弃物量普遍比中低收入国家的人均生活废弃物量高见图 3.2。2016 年高收入国家的人口数占全球总人口数的 16%，但生活废弃物量是全球总量的 34%（约 6.8 亿 t）；低收入人口占 9%，生活废弃物量占 5%。但是，高收入国家的人均生活废弃物量自 2005 年以来呈现稳定态势、部分出现人均生活废弃物量减少的趋势。中低收入国家随着经济增长，人均生活废弃物量呈现增长趋势。

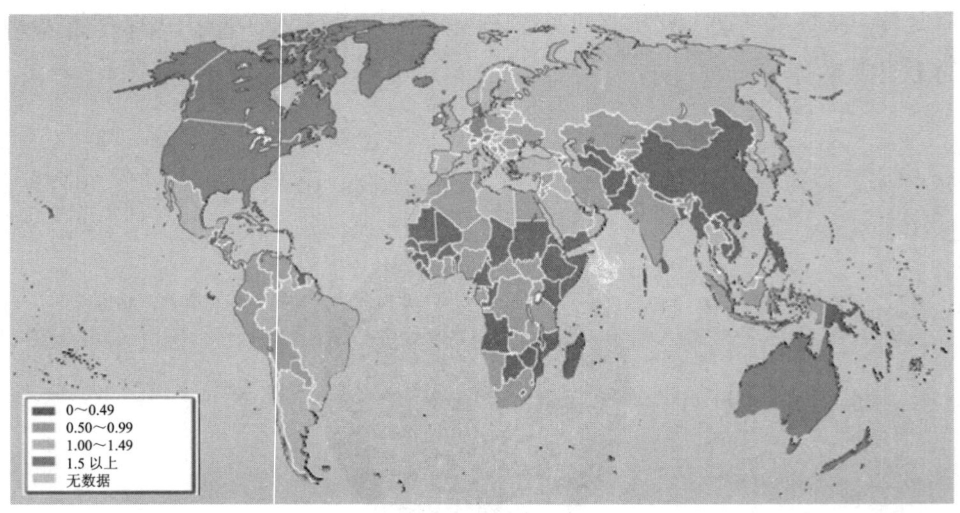

图 3.2 不同国家人均生活废弃物量对比（单位：kg/d）

数据来源：世界银行报告。

3.1.3 全球用于填埋、循环利用和焚烧的生活废弃物分别为 37%、17%和 11%，但仍有 33%未得到任何处理

2016 年全球 37%的生活废弃物被填埋，17%的生活废弃物被回收循环利用，

11%的生活废弃物被用于焚烧发电发热。特别是33%的生活废弃物被丢弃至露天垃圾场，未得到任何处理见图3.3。各国的生活废弃物处理方式类似，但由于经济水平、管理水平和资源禀赋等不同，不同处理方式对应的生活废弃物比例不同。从整体来看，高收入国家的生活废弃物管理做得较好、生活废弃物回收利用率较高；中低收入国家的生活废弃物管理较弱，尤其多数低收入国家90%的生活废弃物被丢弃至露天垃圾场、无任何处理。

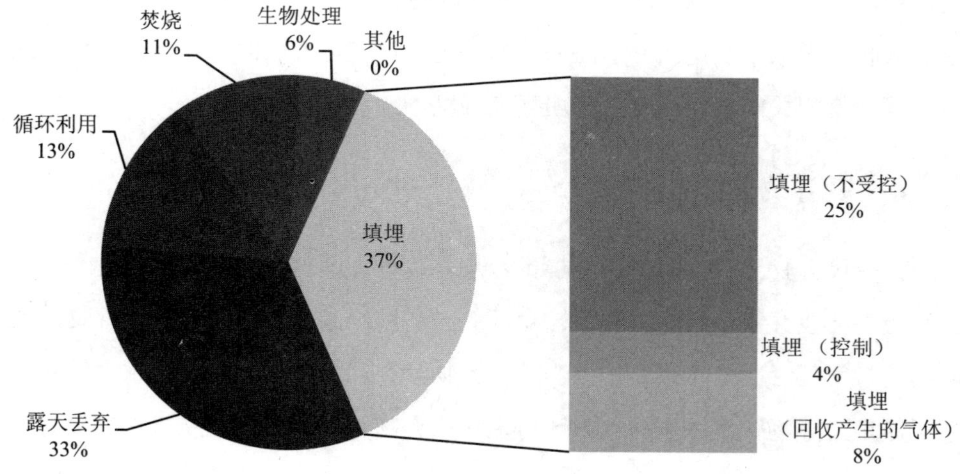

图3.3 生活废弃物处理方式及比例

数据来源：世界银行。

3.2 全球废弃物管理现状

废弃物管理链条包括收集、运输、处理等环节；涉及的利益相关方包括政府、生产者（制造企业、进口企业、品牌商等）、废弃物产生者（家庭、企业、工厂）、废弃物处理服务商、民间组织、国际机构等。废弃物管理涉及制度、政治、经济、金融、社会、环境等方面。

3.2.1 废弃物管理法律法规

国家废弃物主管部门制定废弃物管理的法律法规、制定废弃物管理规划、设定国家废弃物管理目标及标准、发布指导意见等。地方政府（包括州级、市级、县级政府等）则负责制定本地的废弃物管理规定、制定预算并调动资金和实物资源、负责废弃物管理各环节等。全球 2/3 的国家制定了针对生活废弃物的法律法规，部分国家对所有废弃物制定法律法规而不单独针对生活废弃物；部分低收入国家未制定国家层面的法律法规，仅在地方层面具有规范。各国在执行废弃物相关的法律法规时普遍存在难度。

3.2.2 废弃物管理机构

国家废弃物主管部门多为环境部、规划部等，其他部门诸如财政部、卫生部等也参与废弃物管理相关环节。全球绝大多数国家的地方政府是废弃物的实际与直接管理者，地方政府根据当地废弃物分布、财政收入、技术水平等实际情况制定废弃物管理方案。地方政府多在废弃物管理中采用公私合作的模式，以降低管理成本、提升管理效率、并制订创新的方案。部分国家（尤其是欧盟国家）的地方政府之间多采用合作管理废弃物，如共享垃圾处理厂。少数面积较小的国家如牙买加等则是国家政府直接负责废弃物管理的各个环节。从整体来看，废弃物管理机构在实际过程中遇到的问题包括 4 个方面：一是地方财政资源及人力有限导致废弃物管理不足；二是部分区域的复杂性导致废弃物规划较难；三是监测和执法的能力不足；四是同级或各级间管理部门权责不明及协调不够等。

3.2.3 废弃物服务商

地方政府多在废弃物计划、收集、运输、处理等各环节引入企业，部分国家将废弃物的运输和处理外包给专业的废弃物服务商，并将向居民征收的垃圾费转移支付给废弃物服务商；部分国家的地方政府直接负责（多为下属的市政公司）废弃物的收集和处理，并用当地财政支付这些开支。部分地方政府（如旧金山市）将全市的生活废弃物管理外包给一家公司，部分（如新加坡）则分区外包给不同公司。这类公私合作的实际架构非常多样。全球范围内，废弃物收集、运输、处理等环节近一半由政府机构及其下属单位承担，1/3 的由地方政府和企业合作承担。废弃物服务商一般和政府签订合约，时间多为 5～10 年，也有部分合约为 20 年以上。

3.2.4 废弃物管理费用

生活废弃物管理整个流程（即收集、运输、卫生处理）的最低费用约为 35 美元/t，若采用先进的废弃物处理技术或者增加废弃物的回收利用率，则费用多在 50～100 美元/t 或者更高。废弃物管理的预算由地方政府制定，占地方政府的总财政支出较大比例。平均来看，在低收入国家占 20%，中等收入国家占 11%，在高收入国家中占 4%。但由于中低收入国家的财政总预算有限，实际的废弃物管理预算不足。绝大多数国家向居民收取垃圾费，低收入国家平均每人每年 35 美元，高收入国家可达 170 美元。少数发达国家如瑞典等居民缴纳的垃圾费能够覆盖政府废弃物管理的全部支出，绝大多数国家需要国家财政或是通过其他方式筹措资金。此外，废弃物相关支出还包括废弃物基础设施如垃圾处理厂、垃圾桶等修建、折旧和维护。基础设施部分的支出多由国家财政补贴，或是国际机构援助、企业资助。

3.3 废弃物管理政策工具

各国的废弃物管理体系都是在解决实际问题和不断探索中逐渐完善，部分废弃物管理做得好的国家实则是积累了几十年甚至上百年的经验。基于上两节全球的实际情况分析，本节主要系统梳理废弃物管理的政策工具。废弃物管理以公共卫生、环境卫生、资源恢复（回收利用、循环利用、焚烧发电发热、生物处理等）、废弃物预防为基本原则，并制定战略方针及具体的目标。废弃物管理涉及的政策工具主要包括直接管制、经济手段、社会措施，在操作过程中涉及监测、评估等，整体架构如图 3.4 所示。

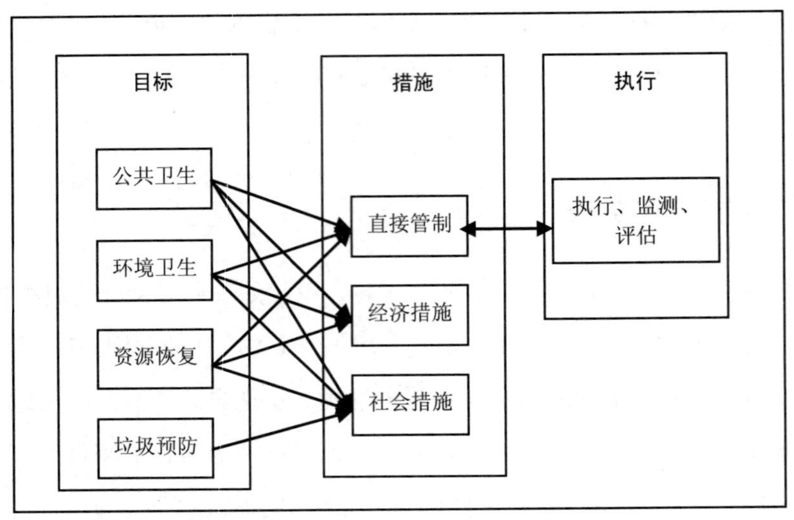

图 3.4　废弃物管理架构

3.3.1　直接管制

直接管制也称作命令与控制方式，主要依赖于政府立法和执行。直接管制需明确管制的领域、各方责任、如何合规、如何惩罚、具体标准等（见表 3.1），对环境、卫生、资源恢复、废弃物处理等相关领域立法。直接管制在废弃物管理中不可或缺，如对有毒有害物质的定义、对某些操作及设施标准的设定、对破坏环境的民事及刑事惩罚等尤为重要，否则居民会以最经济的方式丢弃废弃物，最终带来健康和环境问题。

直接管制的执行极为关键。确保执行至少需从 3 个角度出发：一是制定指导措施、实施细则等以保障法律和标准的可操作性；二是明确政府间各相关部门的职能分配；三是确保足够的人力进行监测、监督和评估等。

表 3.1　直接管制涉及的内容

<table>
<tr><th colspan="2">管制范围</th><th>具体内容</th></tr>
<tr><td colspan="2">明确管制领域</td><td>①废弃物种类；
②废弃物处理各环节</td></tr>
<tr><td colspan="2">明确各方责任</td><td>①政府；
②废弃物产生者；
③废弃物处理商：收集、运输、处理；
④生产企业</td></tr>
<tr><td rowspan="3">设定标准</td><td>公共卫生及环境相关</td><td>①设定实际操作的标准；
②设定设施的标准</td></tr>
<tr><td>资源恢复相关</td><td>①设定能源恢复率；
②设定金属回收率；
③设定营养物质回收率（针对有机废弃物）</td></tr>
<tr><td>其他目标</td><td>①设定废弃物防止要求；
②设定可持续消费和生产标准</td></tr>
<tr><td colspan="2">明确如何合规</td><td></td></tr>
<tr><td colspan="2">不合规的惩罚</td><td>相应的惩罚措施</td></tr>
</table>

3.3.2　经济手段

经济手段主要是基于市场的手段，从政府的角度来看，经济手段包括创收型、提供资金型、无收入型三类见表 3.2。

创收型工具基于污染者付费的原则，认为消费者应当为自己导致的污染付费。向居民征收垃圾税是较为典型的一种，垃圾税的税率根据废弃物体积、重量、是否分类、收集频次等决定。奥地利、丹麦、德国等均采用此类税以鼓励减少废弃物并进行废弃物分类。向垃圾填埋厂和焚烧厂征税也较为普遍，以达到增加填埋和焚烧成本促进废弃物循环利用的目的。

表 3.2　废弃物管理的经济手段

经济手段类型	具体工具
创收型	①向家庭、商业企业等征收垃圾费； ②向垃圾填埋厂、垃圾焚烧厂征税； ③向生产塑料袋、包装、有毒有害物质的企业征税以及向购买这些产品的消费者征税（该税多称作绿税或者生态税）
提供资金型	①向废弃物管理商提供补贴； ②对私营部门减免税收、提供低息贷款； ③返还垃圾处理厂拆除后的空地给所有者； ④对被废弃物处理设施占用公共区域的社区补偿； ⑤提供废弃物研究相关资金； ⑥设立改善环境相关基金
无收入型	①要求破坏环境者担责； ②公共采购要求（如要求购买明确回收方式的产品）； ③排污权配额； ④押金（如对于塑料瓶）； ⑤扩大的生产者责任制

提供资金型工具是激励机制，主要是政府通过税收减免、低利率的贷款等方式，鼓励废弃物处理商投资废弃物基础设施；通过补贴等方式鼓励废弃物处理商提升服务水平和采用新技术，以及提供资金鼓励废弃物研究。

无收入型工具指政府确定废弃物管理需要达到的整体效果，采用合理措施，但不提供也不收取资金。无收入型工具同样可以基于市场，如设定污染物总量，向各排污主体发放配额，不同主体之间可以交易排污权配额。生产者责任制要求生产企业对其产品进行全周期管理，包括研发生产对环境影响小的产品、回收处理使用后的产品等。这将废弃物管理由产品的末端转移到了生产端并且减轻了政府处理这部分废弃物的负担。生产责任制在全球使用了超过 20 年，不同国家在实际运用中采用的方式不同，多数发达国家按照上述严格要求生产者，中低收入国家多以在部分行业（如电子电器）要求生产者回收。

3.3.3 社会工具

社会工具是政府采取的旨在提升意识，促使废弃物产生者改变行为的工具。政府可以与企业、学校、民间组织等合作开展这些活动，遵循“4E”原则，即鼓励、赋能、参与、放大，典型措施见表3.3。社会工具也包括信息类工具，如“3R”图标、各机构自己设计废弃物相关的图标等。

表3.3 社会工具的典型措施

手段	目的	措施	效果
鼓励 Encourage	以释放信号	①对好的做法予以鼓励和奖励； ②确保居民可负担生活垃圾费，并协助低收入群体； ③确保具有足够资源、人力执行与监督政府规定； ④向各利益相关方分析废弃物管理的优秀经验	废弃物产生者改变对待废弃物的行为
赋能 Enable	以易于操作	①确保所有居民不分收入高低具有废弃物管理服务； ②拆除露天垃圾场； ③建立循环利用机制及场所； ④确保国家战略支持地方的先进措施	
参与 Engage	以增加参与	①增加废弃物产生者的意识； ②举行教育及科普活动； ③鼓励NGO在低收入国家协助废弃物收集； ④与修理厂等合作使其参与废弃物管理流程	
放大 Exemplify	以扩大效果	①实施试点项目展示设定的废弃物管理目标可实现； ②与产生大量废弃物的企业合作以展示其支付垃圾费用及合理处理废弃物	

3.4 废弃物相关的融资工具

如在3.2节中提到，废弃物管理预算不足是全球性的问题，在中低收入国家尤甚；废弃物相关的支出主要包括投资废弃物基础设施的资金、收集运输处理等费用。作为民生与公共服务，政府是废弃物管理的担责人。从政府角度来看，在考虑废弃物相关的资金时，主要需考虑“政府”与“废弃物处理商”的关系、“投资”和“收入”的关系。

3.4.1 废弃物融资模式

（1）公共模式：地方政府负责废弃物管理，并且地方政府下属的市政公司负责废弃物收集运输处理等具体工作。废弃物管理费用来自地方政府的年度财政预算，主要来自中央财政预算、地方税收、地方其他收入。废弃物管理作为公共服务，居民上缴的其他税中已包括对废弃物管理的支出，因此政府不向居民收取垃圾费。这种模式费用基本来自政府财政，受政策影响大，也较难覆盖废弃物管理的实际支出。

（2）废弃物服务商模式：地方政府可将废弃物收集运输处理等环节外包给废弃物服务商，采用公私合作（Public-private partnership，PPP）或者私企参与（Private sector participation）的模式。地方政府通过公开招标择优选取有资质的废弃物服务商，颁发许可证、签订合同，并向其支付废弃物服务费。对于将修建垃圾处理厂的服务商，地方政府提供低息贷款、租赁场所等。根据全球的经验来看，是否采用公私合作方式取决于当地的实际情况，这并不直接影响废弃物管理的有效性。

（3）B2B 模式：这种模式主要针对废弃物量大的生产或工业企业，这类企业将废弃物处理直接外包给废弃物管理企业，并支付相关费用。这种模式是基于政府立法要求废弃物产生者处理废弃物，垃圾费多基于废弃物的体积、重量或收集频次。

（4）收入模式：地方废弃物预算来自中央财政支出、地方税收、物业管理费、废弃物罚款等，但这部分预算通常只占废弃物管理实际支出的一小部分。地方政府通过向家庭征收垃圾费的形式弥补相关费用，垃圾费可以单独收取，也可作为物业费、水电费的一部分收取。设定垃圾费需考虑家庭的可承受度，垃圾费上限建议在人均收入的 1%。多边发展银行为中低收入国家的地方政府提供低息或无息贷款以建立废弃物管理体系。

（5）其他收入模式：对于财政拨款和家庭垃圾费收取仍然不足以进行良好废弃物管理的区域，地方政府可在上述2种的PPP模式中和企业设定明确的利益分享模式从中获得部分收益。另外，可鼓励生产责任制以减少地方政府负担节省开支。国际气候金融、碳金融资金也不失为一种渠道，以《京都议定书》中的清洁发展机制为例，注册废弃物处理项目避免的碳排放可获得可交易的碳配额，从而创收。其他收入模式，包括向垃圾填埋厂、焚烧厂征税，向生产及消费塑料袋等企业和个人收费等。

（6）投资模式：世界银行预计2010—2025年废弃物基础设施需要投资为3 750亿美元，基础设施投资包括垃圾填埋厂、堆肥厂、焚烧厂，垃圾收集站点，垃圾桶，垃圾车等修建和维护。基础设施所需资金主要来自国家补贴、地方预算、国际机构贷款、金融机构投资等。对于后两者，资金方式可以是捐赠、无息或低息贷款、商业贷款等。地方政府也可通过发行地方债券的方式募资。此外，提到私营企业可直接参与废弃物基础设施投资，并参与后续的废弃物管理。

3.4.2 废弃物融资方式选择

根据各地的实际情况，废弃物融资类型的选择不一而足，废弃物管理的不同环节也可以选择不同方式。决定废弃物管理资金方式主要包括四步：

第一步，明确实际情况，一是检查政治、法律、机制、经济、文化等实际情况及制约；二是调查经济发展潜力，与其他地方政府的合作与机制障碍；三是明确废弃物管理资金的来源及可用性；四是明确废弃物管理链条中的各机构及其发挥的作用。

第二步，确定废弃物管理目标，一是明确目前废弃物管理整个过程中的不足及优先内容；二是确定准备达到的效果。

第三步，评估实际能力，一是评估在不同模型中现有的地方政府、废弃物服务商等经验及能力；二是评估现有机制、经济及政策体制对选择模型的影响。

第四步，选择模型并评估优劣，一是评估和废弃物服务商签约的潜力、约束；二是评估不同融资模型的优劣；三是建立费用收取的模式。

3.5 目标建议

废弃物管理不是孤立的废弃物问题，它关系到环境、健康、经济发展等各个方面。对于废弃物管理也需由线性的末端治理思维转向循环经济管理模式。废弃物管理建议达到以下几个目标：

一是确保废弃物收集覆盖到所有家庭，消除所有露天垃圾场及避免露天废弃物焚烧，实现废弃物的可持续管理。

二是确保有毒有害废弃物，尤其是化学品的强化收集及严格管理，避免未经处理进入大气、水、土壤中。国家和国际层面加强《巴塞尔公约》的执行。

三是加强源头管理，强抓废弃物预防、废弃物减少、重复利用，以及回收用于再次生产。政府层面将废弃物管理提升为资源管理，并作为循环经济的重要一环，企业层面加强生产者责任制做好产品的回收利用，个体层面人人遵守减少废弃物、重复利用等原则。

四是明确循环闭环，确保循环利用及能量恢复。循环利用是循环经济的重要部分，需做好源头废弃物分类收集，以达到最大的循环利用。在不能循环利用的前提下，需充分考虑能量恢复（即通过焚烧发热发电等）。

废弃物管理的目标知易行难，需加强政府、家庭、企业、废弃物处理商等各利益相关方的合作，完善政策制度加强体制机制建设，采取合理的政策工具及有效的融资工具，以确保符合当地情况的废弃物管理政策规划、法律法规、措施、资金、技术、监管到位，最终实现废弃物的可持续管理。

参考文献

[1] UNEP，International Solid Waste Association. 2015. Global Waste Management Outlook.

[2] World Bank. 2018. What a Waste 2.0：A Global Snapshot of Solid Waste Management to 2050.

第4篇

对我国建设“无废城市”试点的建议

在 2018 年 2 月全国环境保护工作会议上，环境保护部部长李干杰表示将推动开展“无废城市”建设试点。2019 年 1 月国务院办公厅印发《“无废城市”建设试点工作方案》（以下简称：工作方案），提出“通过推动形成绿色发展方式和生活方式，持续推进固体废弃物源头减量和资源化利用，最大限度减少填埋量”，并“以大宗工业固体废弃物、主要农业废弃物、生活废弃物和建筑废弃物、危险废物为重点”。开展“无废城市”建设试点是我国深入落实党中央、国务院决策部署的具体行动，是提升生态文明、建设美丽中国的重要举措。

2019 年 4 月生态环境部确定了 16 个试点城市，分别为广东省深圳市、内蒙古自治区包头市、安徽省铜陵市、山东省威海市、重庆市（主城区）、浙江省绍兴市、海南省三亚市、河南省许昌市、江苏省徐州市、辽宁省盘锦市、青海省西宁市、河北雄安新区（新区代表）、北京经济技术开发区（开发区代表）、中新天津生态城（国际合作代表）、福建省光泽县（县级代表）、江西省瑞金市（县级市代表）。

全球范围来看，“无废城市”的说法始于 2000 年前后。随着经济社会发展、废弃物管理水平提高，建立“无废城市”成为越来越多的国家、地区或城市的规划目标。与此同时，国际社会成立了“无废国际联盟”、欧洲国家成立了“无废欧洲网络”、日本成立了“无废研究院”等组织，2015 年美国市长会议发布了“支持城市无废原则”的决议、2018 年全球 23 个城市联合发布了“建立无废城市”的宣言等。

通过对加拿大温哥华市、美国旧金山市、新西兰奥克兰地区、阿联酋马斯达尔城、斯洛文尼亚卢布尔雅那市、澳大利亚悉尼市、德国柏林市、阿根廷布宜诺斯艾利斯市、意大利卡潘诺里市、菲律宾阿拉米诺斯市、日本北九州市 11 个地区或城市的分析可以看出，部分国际城市在决定建设“无废城市”前已有数十年甚至上百年的废弃物管理经验，这为实现“无废城市”奠定了良好的基础。但个别城市如卢布尔雅那市在决定建设“无废城市”之前废弃物管理时间相对较短，个别城市如马斯达尔城等作为一座新城尚未有废弃物管理体系。不同的资源禀赋、发展情况、政治体制、文化习惯等使得案例城市对“无废城市”的定义、纳入的废弃物种类有所不同，在建设“无废城市”过程中采取的路径和措施存在较大差异，但他们又具有共性的理念和做法。根据 11 个案例城市的经验，结合我国的实际情况，对我国建设“无废城市”试点提出以下建议。

4.1 明确“无废城市”的总体量化目标，给出“无废城市”建设的长远预期

“无废城市”在国际上没有统一定义，多数城市遵从“无废国际联盟”对其的定义，即“通过负责任地生产、消费、回收，从而使得所有废弃物被重新利用，不需要焚烧、填埋、丢弃至露天垃圾场、海洋等，从而不威胁环境和人类健康。”从最终处理的角度，该定义的核心是没有废弃物焚烧和填埋。部分城市对“无废城市”设定了更严格的定义，仅指没有废弃物被填埋。案例城市根据自身情况对“无废城市”定义，并制定了量化的目标，如旧金山提出“到 2020 年填埋和焚烧的废弃物比 2008 年减少 50%，到 2040 年填埋和焚烧的废弃物为零”。此外，从废弃物种类来看，部分城市纳入“无废目标”的是城市废弃物（包括生活废弃物、建筑废弃物等），部分城市仅纳入生活废弃物，案例城市中仅卡拉米诺斯市纳入农业废弃物。不同的城市发展阶段、政治愿景、管理水平以及财政投入决定了城市对“无废”的阐释。根据工作方案，我国的“无废城市”纳入的废弃物类别较多，建议根据试点城市的实际情况明确“无废”目标，如短期（2～3 年）和中期（5～10 年）以减少某类型的废弃物填埋、提高循环利用率为主；但长远来看，应以减少废弃物焚烧和填埋为目标。实现这一长期目标不仅需要试点城市的努力，还需其他城市的合作，并且推动省级和国家级部门对废弃物相关环节的管理。

4.2 建立跨部门的“无废城市”领导协调小组，促进“无废城市”对生态文明建设的贡献

“无废城市”与环境保护、食品健康、可持续能源、经济多元化等息息相关。在制定“无废城市”的战略时需统筹考虑目前的健康、食品、能源、产业、经济发展等战略，同时需在推进和改善后者中不断将“无废目标”的体现出来。因此，建议成立跨部门的“无废城市”领导协调小组，以确保生态环境、卫生、发改委、财政、住建、工业信息化等各部门的协调合作，最终将实现“无废城市”作为城市治理、循环经济、可持续发展、生态文明的一部分。

4.3 制定分阶段的目标并分解制定各行业的贡献方案，确保自上而下的合理设计

实现“无废城市”需要长期投入，建议按每年、每三年、每五年制定以目的为导向的阶段性目标。试点城市根据目前的废弃物总量、不同废弃物处理方式（重复利用、循环利用、焚烧、填埋等）对应的废弃物量及比例，在预测未来人口增加、经济发展导致的废弃物增加的前提下，制定不同处理方式的目标量或比例，如填埋率每年减少 10%，到 2020 年循环率达到 30%等。与此同时，试点城市根据每类废弃物的量及处理方式目标比例，分析每类废弃物的贡献潜力、制定每类废弃物的贡献方案，主要包括如何避免产生、减少、重复利用、循环利用等方式，如通过实施建筑废弃物重复和循环使用达到减少城市废弃物总量的 10%。

4.4 遵循废弃物避免、减少、重复使用、循环利用、能量恢复、填埋的处理优先级顺序，坚持高标准的废弃物管理理念

建议试点城市以该废弃物处理的优先级顺序为原则制定并完善废弃物管理体系，并配以支撑该优先级顺序的政策及软硬件。可以通过发布规章制度以及开展培训等方式要求，鼓励废弃物产生者（家庭、企业等）担当责任及采取措施，以避免和减少废弃物的产生；通过修建循环中心或是回收利用中心，以加强重复或循环使用废弃物；通过鼓励专业企业参与回收利用，以加强重复或循环利用废弃物；通过配备堆肥中心、生物处理厂等增加有机废弃物的能源恢复。

4.5 为公众提供充分的信息及培训，引导公众发挥主体作用

充分的信息和公众意识的培养是废弃物管理最基础但又最重要的部分。绝大多数案例城市在这方面基本做到极致，居民能够在废弃物网站上查找到任意一种具体类别的废弃物的投放方式、投放地点、处理方式等信息；与此同时，案例城市的多元主体，包括政府、社会组织、废弃物处理商、循环中心等提供多样的培训。建议试点城市开发废弃物相关网页及 APP，提供全面的废弃物管理、废弃物分类及处理信息、社区活动等信息，以及查询如废弃物投放站点位置、预约上门收集服务、申请或更换垃圾桶等信息，并且从学校到社区，开展多样化的废弃物管理相关培训。

4.6 制定合理的废弃物分类政策，并确保充足的硬件设施及明确标志

废弃物管理的基本是分类投放，案例城市中既有旧金山市简单的三色垃圾

桶直接对应于收集可回收废弃物（蓝色）、可堆肥废弃物（绿色）、填埋的废弃物（黑色），也有卢布尔雅那市较为细分的将包装类、纸类、玻璃类、厨余和花园类、剩余类分别投放至黄色、蓝色、绿色、棕色、黑色垃圾桶或桶盖的形式。不同的分类投放方式并不直接影响废弃物回收处理的最终效果，但细分方式需要对居民开展足够的引导和培训并配以明确的标志，粗分的方式需要废弃物处理商后续开展分类工作。建议试点城市初期可以采取较为粗分的方式，旨在培养居民良好的分类习惯并确保必要的源头分离，但与此同时需加强后端如城市清洁工、废弃物处理商的再次分类处理；建议新区、开发区等试点采用细分的方式，以增加回收利用并塑造典范。

4.7 注重有机废弃物的单独投放、收集和处理，以回收能量并减少污染

尽管案例城市采用的城市废弃物分类方式不同，但无一例外的是要求将有机废弃物（包括厨余、花园废弃物等）单独投放，并制定专门的方案单独回收（如上门回收）及处理。如温哥华市专门出台了地方法则禁止将有机废弃物随意投放，奥克兰地区和卢布尔雅那市上门回收有机废弃物，并在城市配有有机废弃物处理中心。有机废弃物的合理处理不仅有助于回收能量，并且减少了填埋量和对环境造成的污染。建议试点城市配备针对有机废弃物的垃圾桶，并可通过为居民提供专门用于收集有机废弃物的垃圾袋等方式鼓励居民单独收集并投放；建议有条件的试点城市可尝试为每户居民配备专门回收厨余的垃圾箱，并提供上门回收服务。

4.8 建立便民机制，鼓励重复使用和二手交易

案例城市多通过线上、社交和教育活动等积极倡导旧物的重复使用，并具

有较完备的废弃物捐赠、修复或交易渠道，如悉尼市有比较发达的捐赠中心和二手交易商店，卡潘诺里市举办木器培训班等方式鼓励市民修复物件延长使用，卢布尔雅那市的重复使用中心提供低价的物品维修服务，并协助买卖二手物品。有节制的消费和重复使用是公民践行社会责任的方式，建议试点城市积极倡导公民的社会责任，鼓励减少废弃物产生并对旧物物尽其用；建议试点城市鼓励居委会等基层组织设立便民机制，规律性地组织开展旧物修复、旧物捐赠、二手交易等活动，并且鼓励相关社会组织开展此类活动。

4.9 制定回收利用细则和目标，确保建筑废弃物的循环和回收利用

多数案例城市将建筑废弃物纳入无废目标，多设定整体的建筑废弃物重复使用或循环利用率，并规定每个细类的建筑废弃物如木材、塑料、地毯、绝缘材料、混凝土、金属等的具体处理方式，要求建筑企业执行。如温哥华市要求建筑企业在拆除 1940 年前修建的房屋后，需重复或循环使用至少 70%的建筑废弃物，并且禁止焚烧或填埋干净木质废弃物。马斯达尔城要求建筑承包商承诺并遵守国家及地方的可持续采购规范，其中包括废弃物的循环利用、运输及处理废弃物的细节要求。鉴于我国处于城市化进程中，拆除旧城区或旧楼房拆除情况较多，建议加强建筑废弃物的管理，对建筑废弃物制定各种细则，如包括每种细类建筑废弃物的处理工具包、含铅建筑材料的处理指导意见、绿色家庭装修指导意见、木制废弃物的堆肥计划等。

4.10 培育废弃物处理龙头企业，确保废弃物资源化和无害化的处理效果

废弃物处理商是保证废弃物得以循环利用、能量恢复、无害化填埋等的关

键一环。案例中稍大规模的城市均具备专业的废弃物处理龙头企业，这些企业具备完善的废弃物处理设备，并且具有较强的科研能力，不断引入新的技术和设备。当地政府也积极与其一起制定废弃物管理措施。如旧金山市的绿源再生公司（Recology），温哥华市的循环不列颠哥伦比亚公司（Recycle BC），柏林市的柏林清洁公司（Berliner Stadtreinigung），布宜诺斯艾利斯市的 CEAMSE 公司，卢布尔雅那市 Snaga 公司等。建议试点城市大力支持当地的废弃物处理公司，适当引入新的技术和设备以提高废弃物处理效率，以确保废弃物资源化和无害化的处理效果。

4.11 引入社会资本和专业技术，鼓励企业广泛参与到废弃物收集、运输、处理等环节

由于废弃物的收集、运输、处理链条复杂，在城市废弃物量较大的情况下，单一废弃物处理公司无法面面俱到。案例城市多通过设定准入机制的方式允许有条件的企业参与，这在一定程度上会增加管理的复杂度，但从长期来看有助于废弃物高效管理。建议试点城市可采用公私合作或者私企参与的模式将废弃物收集运输处理等环节外包给专门的服务商，颁发许可证、支付服务费等形式。与此同时，建议试点城市鼓励多元的针对不同废弃物类别的处理商，如专门处理石膏板、建筑废弃物、玻璃瓶等企业，以提高废弃物的资源化并创造出商业价值。

4.12 建立/维护社区循环中心，方便企业和家庭投放可回收利用废弃物

社区循环中心（或者叫回收站等）主要是用于接受社区/街道附近的居民的可循环利用废弃物、建筑废弃物、厨余垃圾等，这有助于居民方便投放上述废

弃物，减少了错误或随意投放，增加了循环利用。与此同时，社区循环中心有助于创造和谐的社区环境，为当地居民提供就业机会，如奥克兰已经建立了 5 个社区循环中心，计划还将建立 7 个。我国大多数城市的社区或街道已经具备废弃物回收站，但由于卫生、管理等原因，部分回收站面临取缔或者并未发挥出相应效果。建议试点城市充分重视这些回收站、循环中心的作用，鼓励其合规，并鼓励居民将纸类、玻璃类、金属类等可回收废弃物携带至回收站并获取相应收益。同时，建议试点城市通过提供场所等方式鼓励从事再生资源的创业企业在社区、街道设点回收可循环利用废弃物。

4.13 重视拾荒者对城市环境的贡献，并给予社会认可

根据我国的实际情况，无论是一线城市还是乡镇，均有拾荒者。这些拾荒者挑选出垃圾箱中的纸类、塑料瓶、金属等可回收废弃物，运输并出售给废弃物回收站。这增加了城市废弃物的回收循环利用，减少了填埋量，拾荒者在售卖可回收废弃物后也获得相应收入。案例城市中处于发展中国家的城市布宜诺斯艾利斯市和阿拉米诺斯市同样拥有一定数量的拾荒者，其逐步成为城市废弃物管理不可或缺的一环；拾荒者也愈加专业化，从分散地收集城市废弃物，演变为逐渐负责一片区域。建议试点城市重视拾荒者对城市环境的贡献，可通过注册登记等方式掌握相关情况，给予社会认可也可适当给予资助。

4.14 实施严格的行政措施，为“无废城市”奠定行政基础

禁令和强制措施是实现“无废城市”的重要手段之一，绝大多数案例城市广泛采取此类措施。建议试点城市分阶段禁止使用一次性物品，特别是一次性水杯、吸管、餐具等，禁止塑料袋使用，禁止填埋厨余垃圾等有机废弃物；分阶段强制使用可降解堆肥的塑料袋，强制对生活废弃物分类投放，强制重复及

循环利用建筑废弃物并明确比例等。建议采取行政措施以循序渐进的方式，给市场和居民一定时间的缓冲期，让其认识到这些措施不仅不会带来生活的不便反而使环境更加美好，与此同时应当加强执法确保行政措施得以合理执行。

4.15 采用灵活的市场手段，为建设“无废城市”提供灵活性

灵活的市场手段有助于废弃物产生者的行为改变，并且高效地促进“无废”目标的实现，同时也可以成为政府部门的部分收入。建议试点城市采取正向和反向激励类的手段，反向激励类如：一是向垃圾填埋厂按垃圾填埋量收费，以增加垃圾填埋成本从而促进减少填埋量；二是向生产塑料袋、包装、有毒有害物质的企业收费，以提高此类产品的成本；三是向购买塑料袋、包装的消费者收费，以减少对此类物品的消费。同时采取正向激励类的措施，例如：一是仅对填埋和焚烧类生活废弃物收费，以促进家庭减少产生此类废弃物，并对生活废弃物合理分类投放；二是对塑料瓶等采用押金制度，以鼓励消费者合理投放、促进后续回收利用；三是对修建废弃物处理厂的企业提供税收减免、低息贷款、场地等，以鼓励企业参与废弃物管理。

4.16 实施广泛的生产者责任制，加强生产企业对废弃物的回收处理

生产者责任制要求生产企业从产品的设计、材料挑选，到产品生命周期结束时对其回收处理。这不仅极大地促进了废弃物回收处理，也促进了企业在源头便选择或生产对环境影响小的产品，是实现“无废城市”的重要手段之一。我国于 2017 年出台了《生产者责任延伸制度推行方案》，主要针对电器电子、汽车、铅酸蓄电池和包装物 4 类产品，分阶段在不同地区推行。试点城市可根据市场规模、环境影响等因素纳入相关行业，初期可要求物流企业对其包装进

行回收并重复利用；并逐步扩大生产责任制的覆盖范围，可考虑纳入纺织品、家具和建材行业等。虽然试点城市使用的产品可能产自其他城市，但在试点内推广大范围的生产者责任制仍然非常必要。

4.17 利用后发优势，采用废弃物运输、处理等的新设备和技术

新技术的发展给废弃物管理带来了便利，为实现“无废”提供了更多的可能。从案例城市我们看到，新城马斯达尔城摒弃了传统垃圾运输车，转而修建了低能耗的地下平板货运系统运输废弃物；旧金山市引入了两箱式垃圾车，以同时收集可回收和可填埋废弃物并分开装车；卢布尔雅那市引入更有效的废弃物处理技术并扩建其废弃物处理厂。建议试点城市在建设“无废城市”过程中充分分析自身情况，引入高标准且适用的软硬件设备和技术，尤其是新区在建设过程中更应该采用国际最优实践和技术方案。

4.18 加强生物—物理的废弃物处理方式，并合理取舍焚烧发电的方式

对于复杂或复合类的废弃物，人为难以将其分离，这部分废弃物多被填埋。为进一步分离此类废弃物以提高回收利用率，先进的生物—物理废弃物处理方式值得借鉴。案例城市中的卢布尔雅那市、布宜诺斯艾利斯市等在近年新增了此类设备和场地，大大减小了填埋率。与此同时，垃圾焚烧是部分国家采取的垃圾资源化的方式，案例城市中仅有马斯达尔城决定修建垃圾焚烧厂，卢布尔雅那市由于提高了回收利用率彻底放弃原本计划修建的垃圾焚烧厂。根据国际趋势来看，垃圾焚烧越来越不作为实现“无废目标”的手段。鉴于垃圾焚烧厂具有长期的锁定效应，试点政府在确定是否建立焚烧厂时需充分考虑垃圾焚烧

是否为该市的“无废目标”，对于将建立的垃圾焚烧厂则需确保在建设和运转过程中执行严格的环境标准并允许公众参与监督。

4.19 设立“废弃物最小化和创新基金”，以支持相关创新活动

对于人口较多、城市废弃物量大的城市，充分调动各利益相关方的积极性和创新能力尤为重要。建议试点城市设立相关基金，以鼓励并支持企业、社区、学校等提出减少废弃物的创意，设计最小化废弃物的创新措施以及实施废弃物回收利用的先进方案。

4.20 加强国际合作，学习与分享“无废城市”建设经验

国际上一些在城市废弃物管理、“无废城市”建设、循环经济等方面较为领先的城市组建了各种联合组织，并积极倡导国际层面的相关合作。建议试点城市可在国内与其他试点城市合作，并且积极学习国际社会较为成功的“无废城市”建设经验，通过举办研讨会和实际考察等形式发现新技术和理念，讨论建设“无废城市”的机遇，这也有助于当地社区及企业不断创新。

4.21 进行“无废”研究并倡导“无废”理念

试点城市可委托学校或事业单位成立“无废城市”研究所，分析研究“无废城市”管理体系并持续推动试点政府完善其体系，研究废弃物处理新技术新设备并持续推动试点城市废弃物处理效率，探索部分废弃物的可循环利用或可降解的替代品。试点政府可广泛开展活动倡导“无废”的价值观和生活理念，“无废城市”研究所可配合政府提供废弃物重复使用（如家具改造）的培训，协

助建立二手市场、循环中心并提供理论及技术支撑，以使“无废”深入人心。

总之，“无废城市”在全球范围内兴起了近 20 年，国际社会在建设“无废城市”的过程中已取得了相关进展，但要实现真正的“无废”任重道远。案例城市无一不是在不断评估、更新、完善管理体系。“无废城市”与环境保护、食品健康、可持续能源、经济多元化等息息相关。实现“无废城市”是一个长期过程，需要政府主管部门的长远规划与执行、各行业从生产端到处理端的通力合作以及个人行为习惯的改变等。建设“无废城市”既有助于提升试点城市综合管理废弃物的能力，也为保护环境和公众健康、促进经济发展带来切实效益。在建设“无废城市”的过程中，随着经验积累、技术进步、社会发展，也需要不断完善政策和改进措施，并推动省级和国家层面的参与，最终实现整个社会的废弃物减量、无害化处理和资源化利用，从传统的资源“开采—生产—消费—处理”的线性模式向循环经济模式转型，需促使生产端到消费端的各利益相关方意识及行为改变，从而使建设“无废城市”成为城市治理、可持续发展、生态文明的一部分。

参考文献

[1] 国务院办公厅.2017. 国务院办公厅关于印发生产者责任延伸制度推行方案的通知. http：//www.gov.cn/zhengce/content/2017-01/03/content_5156043.htm.

[2] 国务院办公厅. 2019. 国务院办公厅关于印发“无废城市”建设试点工作方案的通知. http：//www.gov.cn/zhengce/content/2019-01/21/content_5359620.htm.

[3] C40. 23 Global Cities and Regions Advance Towards Zero Waste. https：//www.c40.org/press_releases/global-cities-and-regions-advance-towards-zero-waste.

[4] The United States Conference of Mayors. 2015. In Support of Municipal Zero Waste Principles and a Hierarchy of Materials Management. https：//www.usmayors.org/the-conference/resolutions/？category=b83aReso050&meeting=83rd%20Annual%20Meeting.

[5] United States Environmental Protection Agency. How Communities Have Defined Zero Waste. https：//www.epa.gov/transforming-waste-tool/how-communities-have-defined-zero-waste.

[6] Zero Waste Europe. What’s Zero Waste？ https：//zerowasteeurope.eu/what-is-zero-waste/.

[7] Zero Waste International Alliance. Standards and Policies. http：//zwia.org/standards/.